Frank Baum

Kosten- und Leistungsrechnung

Grundlagen, Rechnungssysteme, neuere Entwicklungen

4., überarbeitete Auflage

Cornelsen

Über den Autor:

Prof. Dr. Frank Baum war mehrere Jahre in leitender Position im Handel tätig. Seit 2000 lehrt er als Hochschullehrer und Dozent in Betriebswirtschaftslehre, insbesondere Rechnungswesen, Controlling und Handelsbetriebslehre.

Verlagsredaktion: Annette Preuß
Technische Umsetzung: TypeArt, Grevenbroich
Layout: vitaledesign, Berlin
Umschlaggestaltung: vitaledesign, Berlin
Titelfoto: © Stockbyte / gettyimages®

Informationen über Cornelsen Fachbücher und Zusatzangebote:
www.cornelsen.de/berufskompetenz

4., überarbeitete Auflage

Druck: CS-Druck CornelsenStürtz, Berlin

ISBN 978-3-589-24005-0

Inhalt gedruckt auf säurefreiem Papier aus nachhaltiger Forstwirtschaft.

Inhalt

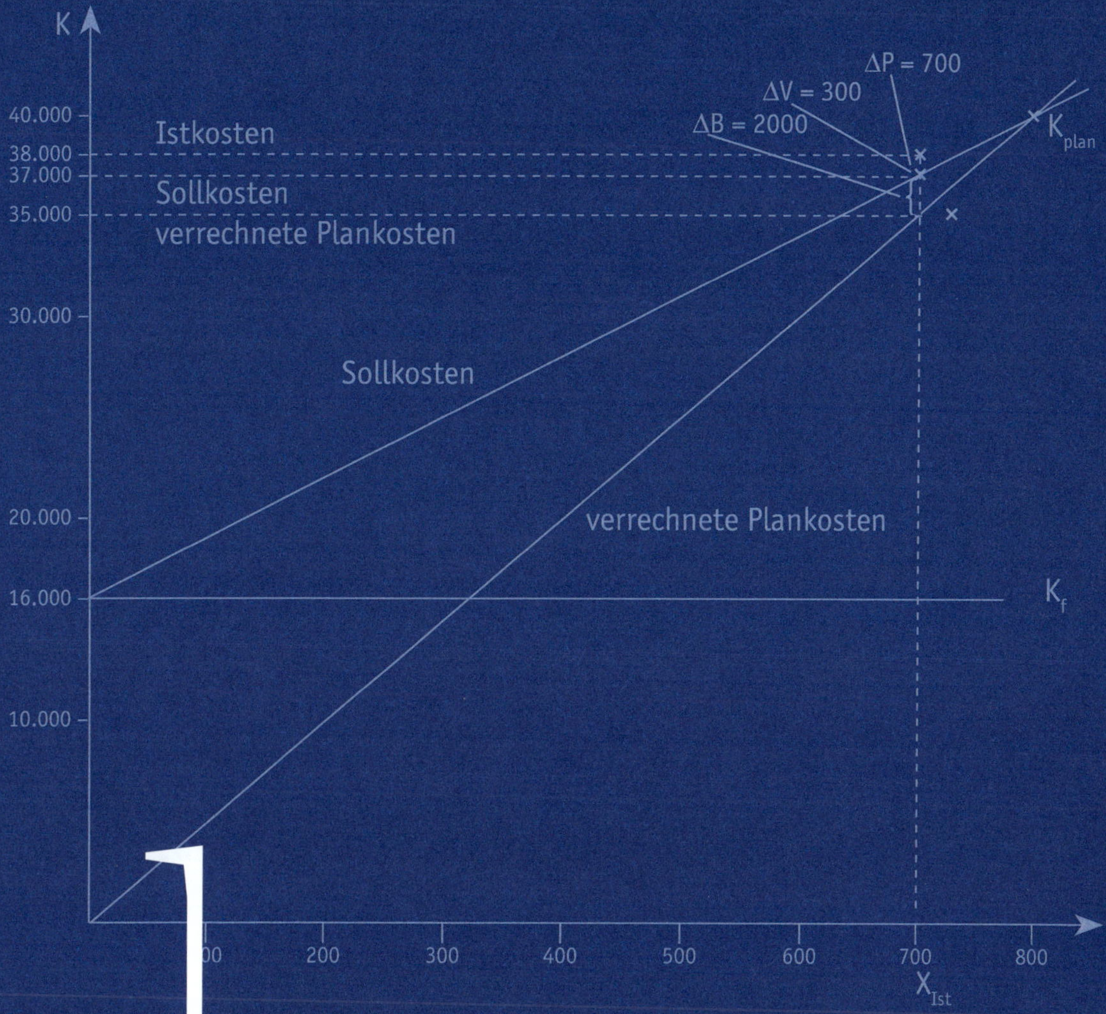

1 Grundlagen

1.1 Einordnung der Kosten- und Leistungsrechnung in das betriebliche Rechnungswesen

Der generelle Zweck des betrieblichen Rechnungswesens besteht darin, das betriebliche Geschehen in quantitativen Größen mengen- und wertmäßig abzubilden und auszuwerten, um darauf aufbauend Maßnahmen der Planung, Steuerung und Kontrolle vorzunehmen sowie die Information von Dritten durchzuführen. Die Aufgaben des betrieblichen Rechnungswesens sind somit:

- **Dokumentationsaufgabe**: Erfassung aller Geschäftsvorfälle aufgrund von Belegen.
- **Rechenschaftslegungs- und Informationsaufgabe**: Erstellung des Jahresabschlusses aufgrund gesetzlicher Vorschriften.
- **Kontrollaufgabe**: Überwachung der Wirtschaftlichkeit sowie der Liquidität.
- **Planungsaufgabe**: Aufbereitung des Zahlenmaterials für zukunftsgerichtete Entscheidungen, wie z.B. Investitionen, Aufnahme von neuem Eigenkapital usw.

Das betriebliche Rechnungswesen eines Unternehmens teilt sich in einen **externen** und einen **internen** Bereich auf. Beide unterscheiden sich hinsichtlich ihrer Aufgaben und ihrer Informationsempfänger. Einen Überblick über die wesentlichen Unterschiede zwischen externem und internem Rechnungswesen gibt die folgende Tabelle:

Tab. 1.1: Unterschiede zwischen externem und internem Rechnungswesen

Externes Rechnungswesen	Internes Rechnungswesen
Externe Adressaten	Interne Adressaten
Vergangenheitsbezogene Betrachtung	Vergangenheitsbezogene und zukunftsbezogene Betrachtung
Beachtung von handels- und steuerrechtlichen Vorschriften	Keine gesetzlichen Vorschriften
Bezugsobjekt ist das gesamte Unternehmen	Bezugsobjekte sind der Betrieb, Abteilungen, Vorgänge, Produkte
Wesentliche Bestandteile sind die Buchführung und der Jahresabschluss nach Handelsrecht sowie nach Steuerrecht	Wesentliche Bestandteile sind die Finanzplanung und -kontrolle, die Investitionsrechnung und die Kosten- und Leistungsrechnung

Im Rahmen des **externen Rechnungswesens** erfolgt also die Buchführung sowie die Erstellung des Jahresabschlusses nach handelsrechtlichen sowie steuerrechtlichen Vorschriften. Adressaten sind außenstehende (externe) Interessenten wie Aktionäre, Gläubiger, Finanzbehörden und die interessierte Öffentlichkeit.

Das **interne Rechnungswesen** beinhaltet hingegen die Finanzplanung und -kontrolle, die Investitionsrechnung sowie die Kosten- und Leistungsrechnung. Die Erstellung dieser Aufgaben unterliegt keinen gesetzlichen Vorschriften. Das interne

Rechnungswesen richtet sich an interne Interessenten, die innerhalb des Unternehmens die wirtschaftlichen Prozesse planen, steuern und kontrollieren.

! Die Kosten- und Leistungsrechnung ist ein wesentlicher Bestandteil des internen Rechnungswesens mit den Aufgaben der Planung, Steuerung und Kontrolle von betrieblichen Bereichen und Prozessen.

1.2 Aufgaben und Aufbau der Kosten- und Leistungsrechnung

Die Kosten- und Leistungsrechnung liefert der Unternehmensleitung Informationen über das Betriebsgeschehen auf quantitativer Basis. Der Informationsbeitrag der Kosten- und Leistungsrechnung fällt auf unterschiedlichen Ebenen an.

Den umfassendsten Informationsauftrag stellt die **Ermittlung des Betriebserfolges** dar. Unter der Betriebsergebnisrechnung ist die Erfassung der gesamten geplanten und realisierten Erfolgsvorgänge eines Leistungsbereiches mit Marktbezug zu verstehen (vgl. Wedell 2004, S.22). Das betriebliche Geschehen wird arbeitsteilig in verschiedene Bereiche zerlegt. Diesen Bereichen sind Personen mit entsprechenden Verantwortungen zugeordnet. Es ist dabei von Interesse, ob die jeweiligen **Betriebsbereiche** auch erfolgreich arbeiten.

- Bei Betriebsbereichen mit Marktbezug erfolgt die Überprüfung des Erfolges durch die **Betriebsergebnisrechnung**.
- Betriebsbereiche ohne Marktbezug rechnen den Güter- und Wertefluss innerbetrieblich mithilfe der **Kostenstellenrechnung** ab.

Zudem kann anhand der Kosten- und Leistungsrechnung die **Übereinstimmung der geplanten bzw. vorgegebenen Kosten und Leistungen** von Betriebsbereichen **mit den realisierten Werten** überprüft werden. Im Falle von Abweichungen sind dann die Ursachen zu ermitteln und ggf. abzustellen.

Ein weiteres Interesse besteht in der Feststellung des Erfolges der jeweiligen **Produkte** (Artikel, Leistungen). Diese Aufgabe kommt der **Produkterfolgsrechnung** zu. Die Ermittlung der Kosten einzelner Aktivitäten ist Aufgabe der **Prozesskostenrechnung**.

Darüber hinaus liefert die Kosten- und Leistungsrechnung **Unterstützung für andere Bereiche des Rechnungswesens**. So werden etwa mithilfe der Kostenrechnung die Herstellungskosten von Vermögensgegenständen zu Zwecken der Bilanzierung ermittelt. Auch die Investitionsrechnung benötigt Informationen aus der Kosten- und Leistungsrechnung, beispielsweise dann, wenn Entscheidungen hinsichtlich der Alternative Eigenerstellung versus Fremdbezug von Teilen notwendig sind.

Nach dem Ablaufprozess hat sich in der betrieblichen Praxis eine **Dreiteilung** der Kosten- und Leistungsrechnung durchgesetzt, und zwar in Kostenarten-, Kostenstellen- und Kostenträgerrechnung:

- Mit der **Kostenartenrechnung** beginnend werden zunächst alle während einer Periode angefallenen Kosten erfasst und systematisiert.
- Im Rahmen der **Kostenstellenrechnung** werden die angefallenen Kosten den Betriebsbereichen bzw. Kostenstellen zugeordnet, wo diese letztlich entstanden sind bzw. verursacht wurden.
- Den Abschluss bildet die **Kostenträgerrechnung**, die sich in die Kostenträgerstückrechnung und die Kostenträgerzeitrechnung aufteilt:
  - Mithilfe der **Kostenträgerstückrechnung** (Kalkulation) werden die Kosten für die Einheiten betrieblicher Leistungen (Sachgüter und/oder Dienstleistungen) bestimmt.
  - Innerhalb der **Kostenträgerzeitrechnung** werden alle Kosten und Leistungen einer Periode gegenübergestellt, um als Residuum den Betriebserfolg zu ermitteln.

Folgende Abbildung fasst die Abläufe der Kosten- und Leistungsrechnung noch einmal zusammen:

Abb. 1.1: Wirkungszusammenhang der Teilbereiche der Kosten- und Leistungsrechnung (in Anlehnung an Drosse 1998, S. 16)

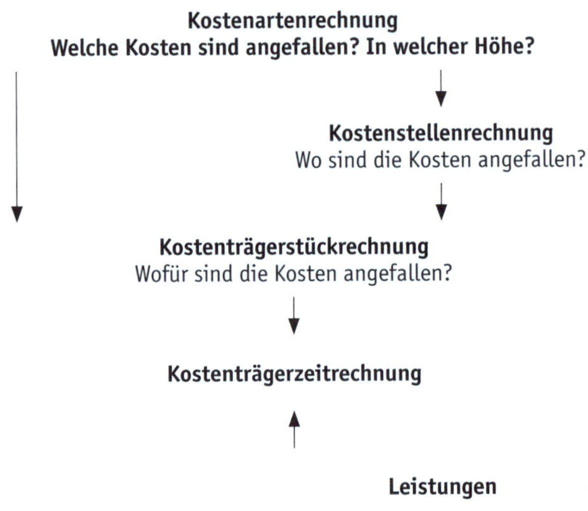

1.3 Grundbegriffe der Kosten- und Leistungsrechnung

1.3.1 Vergleichsmaßstäbe für Kosten und Leistungen

Im betrieblichen Rechnungswesen wird eine Vielzahl von Begriffen verwendet, die sich aus den spezifischen Zwecken der einzelnen Rechnungen heraus entwickelt haben. Im Einzelnen handelt es sich um:

- **Auszahlungen und Einzahlungen**,
- **Ausgaben und Einnahmen**,
- **Aufwendungen und Erträge**,
- **Kosten und Leistungen**.

Obwohl diese Begriffe ähnlich klingen, sind deren Inhalte nicht identisch, sondern auf die jeweiligen Zwecke der Teilbereiche des Rechnungswesens abgestimmt.

1.3.1.1 Auszahlungen und Einzahlungen

Auszahlungen und Einzahlungen stellen **liquiditätswirksame Vorgänge** im Unternehmen dar. Dabei führen Auszahlungen zu einer Verringerung des Zahlungsmittelbestandes, während Einzahlungen diesen erhöhen.

Einzahlungen und Auszahlungen führen also zu einer Veränderung der Liquiditätslage:

Auszahlungen = Abgänge von liquiden Mitteln (Kasse, Bank)

Einzahlungen = Zugänge von liquiden Mitteln

! Die Gewährleistung der Liquidität zu jeder Zeit ist eine unabdingbare unternehmerische Nebenbedingung.

Kann keine ausreichende Liquidität sichergestellt werden, so führt dies zwangsläufig zur Zahlungsunfähigkeit des Unternehmens. Die drohende oder tatsächliche Zahlungsunfähigkeit ist neben der Überschuldung gemäß der Insolvenzordnung der Grund zur Eröffnung eines Insolvenzverfahrens. Daraus ergibt sich für Unternehmer das Erfordernis, die **Liquiditätslage stetig** zu **überwachen**.

1.3.1.2 Ausgaben und Einnahmen

Im Rahmen der Finanzplanung wird neben der Liquiditätslage auch die Finanzlage zeitpunktgenau ermittelt. Die Finanzlage lässt sich durch Subtraktion der Schulden vom Geldvermögen (Summe aus liquiden Mitteln und Forderungen) ermitteln; der Überhang ist das Nettogeldvermögen.

Nettogeldvermögen = liquide Mittel + Forderungen – Schulden

Veränderungen des Nettogeldvermögens erfolgen entweder über Ausgaben (negative Veränderungen) oder über Einnahmen (positive Veränderungen).

- Ausgaben stellen den Wert aller zugegangenen Güter und Dienstleistungen pro Periode dar (= Beschaffungswert).

  Ausgaben = Auszahlungen + Forderungsabgänge + Schuldenzugänge

- Einnahmen stellen den Wert aller veräußerten Leistungen pro Periode dar (= Umsatzerlöse).

  Einnahmen = Einzahlungen + Forderungszugänge + Schuldenabgänge

Den Zusammenhang zwischen Auszahlungen und Einzahlungen sowie Ausgaben und Einnahmen verdeutlicht folgende Abbildung:

Abb. 1.2: Zusammenhang der Änderungsgrößen der liquiden Mittel sowie des Nettogeldvermögens

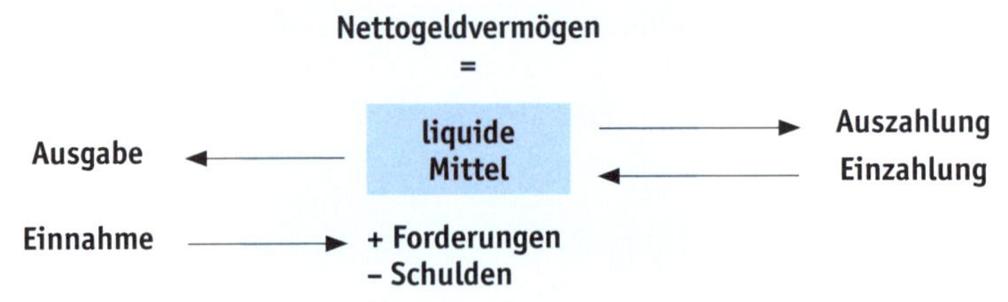

Ausgabe und Einnahme führen also zu einer Veränderung des Nettogeldvermögens, Auszahlung und Einzahlung hingegen zu einer Veränderung der liquiden Mittel.

Einige Beispiele sollen die Differenzierungen der finanziellen Stromgrößen verdeutlichen.

- **Auszahlung, aber keine Ausgabe**: Begleichung von Verbindlichkeiten in bar. (Keine Ausgabe, weil kein Zugang von Gütern oder Dienstleistungen und da Nettogeldvermögen konstant bleibt (Verbindlichkeiten an Kasse).)
- **Auszahlung und Ausgabe**: Barkäufe.
- **Ausgabe, aber keine Auszahlung**: Käufe auf Ziel.
- **Einzahlung, aber keine Einnahme**: Ausgleich von Forderungen. (Keine Einnahme, da keine Veräußerung von Leistungen und da Nettogeldvermögen konstant bleibt (liquide Mittel an Forderungen).)
- **Einzahlung und Einnahme**: Barverkäufe.
- **Einnahmen, aber keine Einzahlung**: Verkäufe auf Ziel.

Die soeben vorgenommenen Abgrenzungen der finanziellen Bestands- und Bewegungsgrößen werden in der betriebswirtschaftlichen Literatur überwiegend wie oben stehend vertreten; jedoch hat sich bisher keine einheitliche Lehrmeinung herausgebildet. Vereinzelt wird die Auffassung vertreten, Auszahlungen mit Ausgaben sowie Einzahlungen mit Einnahmen gleichzusetzen. Eine Gleichsetzung dieser Stromgrößen kann allerdings in der Praxis fatale Folgen haben:

Beispiel: Ein Unternehmen plant einen Einnahmeüberschuss für eine Periode in Höhe von 50 Mio. €. Aufgrund der schlechten Zahlungsmoral seiner Kunden sind aber noch keine Einzahlungen erfolgt, sodass der Zahlungsmittelbestand abgenommen hat (Auszahlungen > Einzahlungen).

Zwar führen hier hohe Forderungszunahmen zu einem Einnahmeüberschuss, entscheidend ist allerdings, ob es dem Unternehmen auch gelingt, diese Forderungen rechtzeitig in liquide Mittel umzuwandeln (Einzahlungen), um eine Zahlungsunfähigkeit zu vermeiden.

1.3.1.3 Aufwendungen und Erträge

Aufwendungen und Erträge sind die **Erfolgsgrößen der Finanzbuchhaltung** und sind in der Gewinn- und Verlustrechnung des Jahresabschlusses zu finden.

- **Aufwendungen** sind der **Wertverzehr** für Güter und Dienstleistungen,
- **Erträge** sind der **Wertzuwachs** durch erstellte Güter und Dienstleistungen, jeweils innerhalb einer Periode.

> **!** Die Saldierung von Erträgen und Aufwendungen ergibt den Erfolg einer Periode (Gewinn/Verlust).

Aufwendungen und Erträge führen zu Veränderungen des Reinvermögens (Eigenkapitals). Dieses ergibt sich aus der Addition von Nettogeld- und Sachvermögen. Das Sachvermögen beinhaltet u.a. Grundstücke, Gebäude, Betriebs- und Geschäftsausstattung, Roh-, Hilfs-, Betriebsstoffe sowie fertige und unfertige Erzeugnisse. Aufwendungen führen zu negativen Veränderungen, Erträge zu positiven Veränderungen des Reinvermögens.

Die Aufwendungen bzw. Erträge lassen sich von Ausgaben bzw. Einnahmen wie folgt abgrenzen:

- **Ausgaben**, die **keine Aufwendungen** sind:
  - Einkauf von Rohstoffen, die in einer späteren Periode verbraucht werden,
  - Privatentnahme von Bargeld.
- **Ausgaben gleich Aufwendungen**:
  - Einkauf von Rohstoffen bei Just-in-time-Produktion,
  - Überweisung der Telefonrechnung.
- **Aufwendungen**, die **keine Ausgaben** sind:
  - Abschreibungen,
  - Rohstoffverbrauch vom Lager.
- **Einnahmen**, die **keine Erträge** sind:
  - erhaltene Anzahlungen,
  - Privateinlagen.
- **Einnahmen gleich Erträge**:
  - Verkauf von fertigen Erzeugnissen, die in der Periode hergestellt wurden,
  - Zinsgutschrift.
- **Erträge**, die **keine Einnahmen** sind:
  - Bestandszunahmen von fertigen Erzeugnissen,
  - Zuschreibungen.

1.3.1.4 Kosten und Leistungen

Kosten und Leistungen sind die Stromgrößen der gleichnamigen Rechnung und sollen dazu dienen, den **Erfolg des Betriebes möglichst realistisch abzubilden**. Im Gegensatz zu der Gegenüberstellung von Aufwendungen und Erträgen unterliegt die Kosten- und Leistungsrechnung keinen gesetzlichen Vorschriften.

Im weiteren Verlauf soll der **wertmäßige Kostenbegriff** zugrunde gelegt werden. Demnach sind **Kosten** der **bewertete Verbrauch von Gütern und Dienstleistun-**

gen, der zur Erstellung und Verwertung betrieblicher Leistungen und zur Aufrechterhaltung der Betriebsbereitschaft während einer Periode erforderlich ist.

Der Wertansatz des Güterverbrauchs wird nach dem Zweck der Kostenrechnung ermittelt. Daraus folgt, dass eine Übereinstimmung mit den Werten der Auszahlungen nicht zwangsläufig gegeben ist. Alternative Werte zum Anschaffungswert sind der Wiederbeschaffungswert, der Tageswert oder ein Verrechnungswert.

Dagegen knüpft der **pagatorische Kostenbegriff** an den Auszahlungen an, die dem Verbrauch von Gütern und Dienstleistungen zugrunde liegen. Es erfolgt also eine **Orientierung an dem Entgelt**, das für die Anschaffung der Verbrauchsmaterialien und -leistungen entrichtet worden ist. Folglich schließt der pagatorische Kostenbegriff wegen des fehlenden Entgelts kalkulatorische Kosten aus. Dieser Betrachtung soll hier nicht gefolgt werden.

Kosten lassen sich von den Aufwendungen wie folgt abgrenzen:

Abb. 1.3: Abgrenzung von Aufwendungen und Kosten

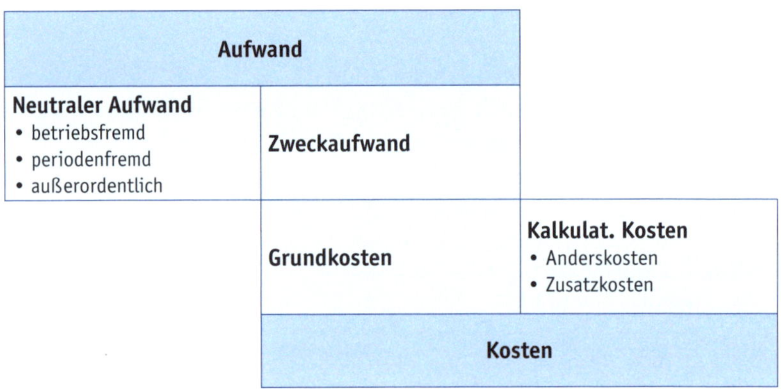

- **Aufwendungen, aber keine Kosten** (= **neutrale Aufwendungen**):
  - betriebsfremde Aufwendungen (z.B. Spenden, Sanierungsmaßnahmen),
  - außerordentliche Aufwendungen (z.B. Verkauf einer Maschine unter Buchwert, ungewöhnlich hohe Unwetterschäden an Vermögensgegenständen),
  - periodenfremde Aufwendungen (z.B. Steuernachzahlungen).
- **Aufwendungen gleich Kosten** (Zweckaufwendungen = Grundkosten):
  - Verbrauch von Rohstoffen,
  - Lohnzahlungen,
  - Bezug von Fremdleistungen etc.
- **Kosten, aber keine Aufwendungen** (= **kalkulatorische Kosten**):
  - Anderskosten, denen ein Aufwand in anderer Höhe gegenübersteht,
  - Zusatzkosten, denen kein Aufwand gegenübersteht.

Anderskosten werden in Rechnung gestellt, wenn aus Sicht der Kostenrechnung der Wertansatz der Aufwendungen nicht zeitgerecht ist. Als Beispiele können die kalkulatorischen Abschreibungen oder kalkulatorische Mieten genannt werden. **Zusatzkosten** berücksichtigen wiederum die sog. **Opportunitätskosten**, d.h. Kosten durch entgangenen Nutzen. Beispiele sind der kalkulatorische Unternehmerlohn, kalkulatorische Wagnisse und kalkulatorische Eigenkapitalzinsen.

Leistungen sind die betriebsbedingt erstellten und bewerteten Güter und Dienstleistungen innerhalb einer Periode. Leistungen, auch Kostenträger genannt, lassen sich differenzieren in:

- **Absatzleistungen**, die für den Markt bestimmt sind,
- **Lagerleistungen**, resultierend aus Bestandserhöhungen an fertigen und unfertigen Erzeugnissen,
- **aktivierte Eigenleistungen**, die zur eigenen Nutzung geplant sind (z.B. selbst erstellte Maschinen).

Hinzu kommen noch die kalkulatorischen Leistungen.

Leistungen lassen sich von den Erträgen wie folgt abgrenzen:

Abb. 1.4: Abgrenzung von Erträgen und Leistungen

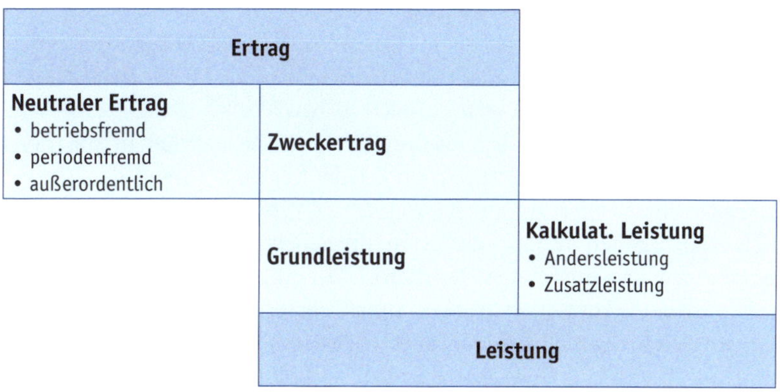

- **Erträge, aber keine Leistungen** (= **neutrale Erträge**):
  - betriebsfremde Erträge (z.B. Mieterträge, Dividenden aus nicht betriebsnotwendigen Vermögen),
  - außerordentliche Erträge (z.B. Verkauf von Sachanlagen über Buchwert),
  - periodenfremde Erträge (z.B. Rückzahlung von Steuern).
- **Erträge gleich Leistungen** (= Zweckerträge gleich Grundleistungen):
  - Erträge aus betriebsbedingter Vermarktung (Verkauf von Gütern und Dienstleistungen),
  - Bestandserhöhungen an fertigen und unfertigen Erzeugnissen,
  - aktivierte Eigenleistungen.
- **Leistungen, aber keine Erträge** (= **kalkulatorische Erträge**):
  - Andersleistungen, denen Erträge in anderer (meist geringerer) Höhe gegenüberstehen,
  - Zusatzleistungen, denen keine Erträge gegenüberstehen.

Andersleistungen unterliegen in der Leistungsrechnung einer abweichenden Bewertung im Vergleich zu den gleich lautenden Erträgen, die aufgrund bilanzieller Bewertungsansätze eher vorsichtig angesetzt werden; beispielsweise können Bestandserhöhungen anstelle des Wertansatzes der Gewinn- und Verlustrechnung

– den Herstellungskosten – in der Leistungsrechnung mit (höheren) Verrechnungspreisen bewertet werden. **Zusatzleistungen** haben kein Pendant auf der Ertragsseite. Beispiele sind selbst entwickelte Software für die Verwaltung sowie unentgeltlich abgegebene Produkte in Form von Proben.

1.3.2 Kostendifferenzierungen

Kosten lassen sich in verschiedene Kategorien unterteilen, u.a. nach:
- ihrem Verhalten bei Beschäftigungsschwankungen,
- ihrer Zurechenbarkeit zu bestimmten Kalkulationsobjekten,
- ihrem zeitlichen Bezug,
- dem Umfang ihrer Verrechnung,
- der Verwendung des Fixkostenpotenzials,
- der Abrechnungsfolge.

1.3.2.1 Variable und fixe Kosten

Um die Anzahl von produzierten Leistungseinheiten planen zu können, sind Kenntnisse über den Kostenverlauf in Abhängigkeit von der produzierten Stückzahl erforderlich. Die **produzierte Stückzahl** bzw. Ausbringungsmenge wird in der Betriebswirtschaftslehre auch **als Beschäftigung bezeichnet**. In Abhängigkeit von der Beschäftigung verändert sich ein Teil der Kosten, während ein anderer Teil konstant bleibt:
- Als **variabel** gelten diejenigen **Kosten**, die bei einer Erhöhung (Verringerung) der Produktionsmenge **steigen (sinken)**. Dazu zählen u.a. der Verbrauch an Rohstoffen sowie Akkordlöhne in einem Industriebetrieb.
- **Fixe Kosten** hingegen **bleiben** innerhalb bestimmter Beschäftigungsintervalle **konstant**. Dies ist bei Gehältern oder bei Gebäudeabschreibungen der Fall.

Die variablen Kosten können sich unterschiedlich zur Beschäftigung entwickeln:
- Wenn sich die variablen Kosten im gleichen Verhältnis (proportional) wie die Beschäftigung verändern, so liegen **lineare** Kosten vor,
- **progressive** Kosten liegen vor, wenn die Kostenveränderung überproportional zur Beschäftigung erfolgt,
- **degressive** Kosten liegen vor, wenn die Kostenveränderung unterproportional zur Beschäftigung erfolgt.

Beispiel:

Linearer Kostenverlauf:

Beschäftigung in Stück	Variable Stückkosten in €	Variable Gesamtkosten in €
0	10	0
1	10	10
5	10	50
10	10	100
20	10	200

Progressiver Kostenverlauf:

Beschäftigung in Stück	Variable Stückkosten in €	Variable Gesamtkosten in €
0	10	0
1	10	10
5	12	60
10	14	140
20	16	320

Degressiver Kostenverlauf:

Beschäftigung in Stück	Variable Stückkosten in €	Variable Gesamtkosten in €
0	10	0
1	10	10
5	8	40
10	6	60
20	4	80

Fixe Kosten gelten als unabhängig in Bezug auf die Beschäftigungsmenge. Allerdings führen Veränderungen der Leistungskapazität bei Überschreiten einer bestimmten Grenze auch zu Erhöhungen der fixen Kosten. Das bedeutet:

! Bei genauerer Betrachtung sind fixe Kosten lediglich innerhalb bestimmter Beschäftigungsintervalle konstant.

In der Kostenrechnung haben sich deshalb auch die Begriffe **intervallfixe** bzw. **sprungfixe Kosten** herausgebildet.

Beispiel: In einem Unternehmen wird auf einer Maschine, deren Kapazität pro Periode bei 3.600 Arbeitsstunden liegt, ein bestimmtes Produkt gefertigt. Die Maschine wird geleast. Die Leasinggebühren pro Periode betragen 3.000 €. Es besteht die Möglichkeit zum Leasen weiterer Maschinen.

Benötigte Arbeitsstunden	Leasinggebühren/Periode
0	3.000 €
3.600	3.000 €
3.700	6.000 €
7.200	6.000 €
7.300	9.000 €

Das Beispiel zeigt, dass die fixen Kosten lediglich in Intervallen von jeweils 3.600 Arbeitsstunden konstant sind. Beim Überschreiten der betreffenden Kapazitätsgrenzen entstehen neue Fixkosten, weil zusätzlich jeweils eine neue Maschine geleast werden muss.

1.3.2.2 Einzelkosten und Gemeinkosten

Die während einer Periode angefallenen Kosten sind aus Gründen der Planung und Kontrolle einzelnen Kalkulationsobjekten zuzuordnen. Bei diesen **Kalkulationsobjekten** handelt es sich um **Kostenträger** (Produkte, Dienstleistungen, Kunden) oder größere Entscheidungsfelder (Profit Center, Kostenstellen).

Grundsätzlich soll die **Zurechnung von Kosten verursachungsgerecht** sein. Dieser Grundsatz bedeutet, dass dem betreffenden Kalkulationsobjekt nur diejenigen Kosten zugerechnet werden, die es verbraucht bzw. verursacht hat.

Zweifelsfrei ist diese Zuordnung nur bei den variablen Kosten möglich, deren Höhe sich bei Veränderung der Ausbringungsmenge entsprechend anpasst. Hierbei handelt es sich um **direkte Kosten** bzw. **Einzelkosten** der jeweiligen Bezugsgröße.

Wird das Verursachungsprinzip streng interpretiert, so lassen sich große Teile der Gesamtkosten nicht auf einzelne Kostenträger verrechnen. Bei diesem Teil der Kosten handelt es sich um **indirekte Kosten** der Bezugsobjekte bzw. **Gemeinkosten**. Mit zunehmender Erweiterung der Kalkulationsobjekte, z.B. Produkt, Produktgruppe, strategische Geschäftseinheit, lassen sich immer mehr der ursprünglichen Gemeinkosten direkt verrechnen. Insofern hat jede Kostenart den Charakter relativer Einzelkosten.

Abb. 1.5: Differenzierung von Einzelkosten und Gemeinkosten

Unterteilung der Kosten nach der Zurechnung auf Bezugsgrößen
(Produkte, Dienstleistungen, Prozesse, Kunden etc.)

Einzelkosten (direkte Kosten)	**Gemeinkosten (indirekte Kosten)**
Verursachungsgerechte Zurechnung der Abrechnungseinheiten auf Bezugsgrößen	Zurechnung der Abrechnungseinheiten auf Bezugsgrößen anhand von Verbrauchshypothesen

Da sich Gemeinkosten nicht direkt auf die einzelnen Kostenträger oder andere geeignete Bezugsobjekte verrechnen lassen, sind **Verteilungsschlüssel** für eine geeignete Zuordnung zu finden. Die Verteilung auf die Kalkulationsobjekte kann nach folgenden Prinzipien erfolgen:

- Verursachungsprinzip,
- Durchschnittsprinzip,
- Tragfähigkeitsprinzip.

Nach dem **Verursachungsprinzip** hat jedes Kalkulationsobjekt diejenigen Kosten zu tragen, die es verursacht hat. Eine verursachungsgerechte Verrechnung von Gemeinkosten ist allerdings in der Praxis oftmals schwierig (unechte Gemeinkosten) bzw. ex definitione nicht möglich (echte Gemeinkosten).

Alternative Verrechnungsmaßstäbe sind das Durchschnittsprinzip und das Tragfähigkeitsprinzip. Nach dem **Durchschnittsprinzip** werden die Gemeinkosten durch die Anzahl der Kalkulationsobjekte dividiert. Dieser Durchschnittswert wird auf das jeweilige Kalkulationsobjekt verrechnet. Nach dem **Tragfähigkeitsprinzip** werden jedem Bezugsobjekt die Gemeinkosten nach der Belastbarkeit zugeordnet.

Beispiel: Einkauf von Handelswaren. Drei Artikel werden mit jeweils einem Stück zu folgenden Einstandspreisen (= Anschaffungskosten) erworben:
A: 200 €
B: 240 €
C: 400 €

Die Lagermiete der Abrechnungsperiode beträgt 30 €, die sonstigen Handlungskosten (u.a. Personal, technische Einrichtungen) 90 €.

Somit ergibt sich die folgende Kostensituation:

Einzelkosten:	200 + 240 + 400 =	840 €
Gemeinkosten:	30 + 90 =	120 €
Gesamtkosten:		960 €

- Verteilung nach dem Verursachungsprinzip: Ist mit Problemen verbunden: Die Lagermiete könnte nach der beanspruchten Fläche der betreffenden Artikel verrechnet werden; Personalkosten als Bestandteil der sonstigen Handlungskosten könnten nach der beanspruchten Zeit je Artikel verteilt werden. Allerdings sind zur Vornahme dieser Verrechnungen umfangreiche Aufzeichnungen notwendig. Fraglich ist, ob der zusätzliche Erhebungsaufwand den erreichten Informationszuwachs rechtfertigt.
- Verteilung nach dem Durchschnittsprinzip:
  Auf jeden Artikel müssten 40 € Gemeinkosten entfallen.
- Verteilung nach dem Tragfähigkeitsprinzip:
  Unter der Annahme, dass alle drei Produkte zu jeweils 400 € absetzbar sind, sind die Gemeinkosten auf die Artikel A und B zu verteilen, wobei A den größeren Teil zu tragen hätte. Auf Artikel C werden keine Gemeinkosten verrechnet.

Die Gemeinkosten setzen sich im Wesentlichen aus fixen Kosten zusammen. Typischerweise werden die fixen Kosten auch als **echte Gemeinkosten** bezeichnet. Bei den **unechten Gemeinkosten** handelt es sich um bestimmte variable Kosten, die aus wirtschaftlichen Gründen den Gemeinkosten zugeordnet werden. So kann eine stückgenaue Zuordnung des Verbrauchs von Hilfsstoffen nur mit erheblichem Arbeitsaufwand durchgeführt werden. Auch bestimmte Betriebsstoffe, wie z.B. Energie, variieren im Hinblick auf die jeweiligen Ausbringungsmengen einzelner Produkte (Sorten). Dennoch dürfte in der Regel eine stückgenaue Zuordnung aller unechten Gemeinkosten auf die jeweiligen Produkte kaum praktikabel sein.

Abb. 1.6: Zuordnung von Kosten

<table>
<tr><td colspan="6">Entwicklung der Kosten bei Veränderung der Beschäftigung</td></tr>
<tr><td colspan="3">Variable Kosten
(steigend oder fallend)</td><td colspan="3">Fixe Kosten
(konstant)</td></tr>
<tr><td colspan="2">Einzelkosten
(direkte Kosten)</td><td colspan="2">Unechte Gemeinkosten</td><td colspan="2">Echte Gemeinkosten
(indirekte Kosten)</td></tr>
<tr><td colspan="6">Zurechnung auf Kostenträger</td></tr>
</table>

Aus der obigen Darstellung geht also Folgendes hervor:

- Einzelkosten sind immer auch variable Kosten (jedoch mit Ausnahme von Sondereinzelkosten),
- umgekehrt sind aber variable Kosten nicht immer Einzelkosten,
- Fixkosten sind immer Gemeinkosten,
- Gemeinkosten haben jedoch i.d.R. zudem variable Bestandteile.

1.3.2.3 Istkosten, Normalkosten, Plankosten

Istkosten sind die tatsächlich in der letzten Periode angefallenen Kosten. Istkosten sind also periodenbezogen und unterliegen in der Regel Schwankungen im Zeitablauf.

Beispiel: Im vergangenen Jahr tätigte ein Außendienstmitarbeiter insgesamt 800 Kundenbesuche. Seine Personalkosten betrugen insgesamt 50.000 €. Die Istkosten pro Kundenbesuch betragen somit 62,50 €.

Normalkosten stellen einen Durchschnittswert der Istkosten mehrerer Perioden aus der Vergangenheit dar. Somit werden zufällige Schwankungen einzelner Perioden geglättet. Normalkosten können als Vorgabewerte für Istkosten der letzten Periode verwendet werden.

Beispiel: In den vergangenen vier Jahren tätigte der Außendienstmitarbeiter durchschnittlich 950 Kundenbesuche bei durchschnittlichen Personalkosten von 50.000 € pro Jahr. Die Normalkosten pro Kundenbesuch betragen mithin 52,63 €.

Mithilfe von **Plankosten** wird versucht, die Kosten für eine zukünftige Periode zu ermitteln. Plankosten haben einen Vorgabecharakter für die Istkosten der zukünftigen Periode.

Beispiel: Ein neu gewonnener Großkunde soll mit 100 Besuchen pro Jahr betreut werden. Die jährliche Besuchszahl eines Außendienstmitarbeiters beträgt durchschnittlich 950. Es wird mit Tariferhöhungen gerechnet, sodass sich das Gehalt eines Außendienstmitarbeiters auf 52.250 € pro Jahr erhöht. Somit betragen die Plankosten je Kundenbesuch 55 €, die geplanten Besuchskosten des Großkunden 5.500 €.

1.3.2.4 Vollkosten und Teilkosten

Die Zurechnung der Gesamtkosten auf Kalkulationsobjekte kann in vollem Umfang erfolgen. Folglich werden den verschiedenen Produktarten anteilige Einzel- und Gemeinkosten pro Stück zugeordnet. Die Addition der Kosten aller Kostenträger ergibt wiederum die Summe der Gesamtkosten. Insofern liegen hier **Vollkostenrechnungen** vor.

Die stückbezogenen vollen Kosten eines Produktes stellen dessen **Selbstkosten** dar, auf deren Basis anschließend der Verkaufspreis ermittelt wird.

Um **Teilkostenrechnungen** handelt es sich, wenn den Kalkulationsobjekten nur anteilige Gesamtkosten zugerechnet werden. Teilkostenrechnungen werden benötigt, um die Veränderbarkeit von Kosten durch Entscheidungen zu ermitteln. Zum Ansatz kommen diejenigen Kosten, die durch das Ergreifen einer bestimmten Handlungsalternative entstehen oder sich verändern.

Die bekannteste Variante der Teilkostenrechnung ist die **Deckungsbeitragsrechnung**. Hier werden den entscheidungsrelevanten Erlösen die entscheidungsrelevanten Kosten gegenübergestellt. Das Ergebnis stellt einen Erfolg vor Abrechnung der (noch) nicht zugerechneten Kostenteile (Fixkosten) dar.

1.3.2.5 Nutzkosten und Leerkosten

Fixkosten sind innerhalb eines bestimmten Beschäftigungsintervalls konstant. Der **Ausnutzungsgrad der Kapazität** bestimmt somit den **Anteil der Nutzkosten** an den Fixkosten.

Das **Residuum** bilden die **Leerkosten**. Innerhalb eines Kapazitätsintervalls steigt der Anteil der Nutzkosten mit zunehmendem Beschäftigungsgrad. Da steigende Nutzkosten die fixen Kosten pro Stück verringern, ist eine Realisierung von hohen Nutzkosten betriebswirtschaftlich sinnvoll. Die folgende Abbildung unterstreicht diese Zusammenhänge noch einmal grafisch.

Abb. 1.7: Nutz- und Leerkosten

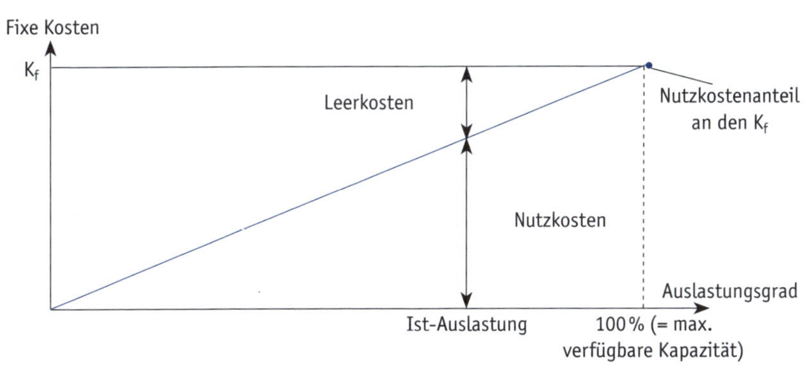

1.3.2.6 Primäre und sekundäre Kosten

Im Rahmen der Kosten- und Leistungsrechnung werden die Kosten in mehreren Stufen verrechnet. Den Abrechnungsstufen lassen sich folgende Fragen zuordnen (vgl. Wedell 2004, S. 48):

1. Welche Kosten sind angefallen?
2. Wo sind die Kosten angefallen?
3. Wofür sind die Kosten angefallen?

Primäre Kosten bezeichnen dabei die erstmalige Erfassung der **Kostenarten** zu Material-, Personal-, Zinskosten, Abschreibungen usw. Die ermittelten Kostenarten werden als **sekundäre Kosten** auf **Kostenstellen** und schließlich auf **Kostenträger** verrechnet.

Die Unterscheidung in primäre und sekundäre Kosten bezieht sich also auf die zeitliche Abrechnungsfolge.

1.4 Systeme der Kosten- und Leistungsrechnung

Die Kosten- und Leistungsrechnung kann zu unterschiedlichen Zwecken durchgeführt werden. Dementsprechend lassen sich **zeitbezogene** und **umfangbezogene** Systeme unterscheiden.

1.4.1 Zeitbezogene Systeme

Innerhalb der Kosten- und Leistungsrechnung haben sich Systeme mit unterschiedlichem **zeitlichen Bezug** etabliert:

- Istkostenrechnung,
- Normalkostenrechnung,
- Plankostenrechnung.

Istkosten- und Normalkostenrechnungen sind, wie bereits erwähnt, **vergangenheitsbezogen**. Die Istkostenrechnungen beziehen sich dabei auf die Erfassung der Istkosten der vergangenen Periode. Dagegen bildet die Normalkostenrechnung Durchschnittswerte aus den vergangenen Perioden ab. Bei der Verrechnung von Istkosten auf die Kostenstellen und Kostenträger können zum Vergleich entsprechende Normalkosten als Vorgabe gegenübergestellt werden. Istkosten- und Normalkostenrechnung lassen sich sowohl auf Vollkostenbasis als auch auf Teilkostenbasis durchführen.

Plankostenrechnungen erfolgen **zukunftorientiert**. Plankosten sind im Voraus bestimmte, bei ordnungsgemäßem Betriebsverlauf methodisch ermittelbare Kosten. Üblicherweise wird ein späterer Vergleich mit den Istkosten zu Kontrollzwecken angestellt. Plankostenrechnungen lassen sich in Form von Vollkostenrechnungen (starre Plankostenrechnung, flexible Plankostenrechnung) sowie als Teilkostenrechnungen (Grenzplankostenrechnungen) durchführen.

1.4.2 Umfangbezogene Systeme

Je nach **Umfang der Verrechnung** der zugerechneten Kosten auf die Kalkulationsobjekte sind zu unterscheiden:
- Systeme der Vollkostenrechnung,
- Systeme der Teilkostenrechnung.

Die **Systeme der Vollkostenrechnung** erfassen alle Kostenbestandteile und verrechnen diese auf die Bezugsobjekte (Kostenträger). Einer Leistungseinheit werden also direkte und indirekte Kosten zugeordnet. Die Verrechnung der indirekten Kosten erfolgt über Schlüssel und ist damit streng genommen nicht verursachungsgerecht. Als Systeme der Vollkostenrechnung mit Praxisbezug gelten:
- Istkostenrechnung auf Vollkostenbasis,
- Normalkostenrechnung auf Vollkostenbasis,
- Plankostenrechnung auf Vollkostenbasis.

Darüber hinaus hat sich in neuerer Zeit die **Prozesskostenrechnung** als weitere Vollkostenrechnung herausgebildet. Die Prozesskostenrechnung berücksichtigt, dass die betreffenden Produkte in unterschiedlichem Ausmaß die jeweiligen Tätigkeiten bzw. Teilprozesse in Anspruch nehmen.

Ein weiteres neueres System stellt das **Target Costing** dar. Der Grundgedanke besteht darin, die Kosten eines neuen Erzeugnisses vom Markt (also vom erzielbaren Verkaufspreis) her zu entwickeln. Dabei dürfen die Kosten definierte Vorgabebereiche nicht überschreiten (**Zielkostenmanagement**).

Die **Systeme der Teilkostenrechnung** ordnen den Kalkulationsobjekten nicht alle Gesamtkosten zu, sondern nur die direkten Kosten. Diese Vorgehensweise entspricht dem Verursachungsprinzip, da den Kalkulationsobjekten nur die Kosten zugeordnet werden, die sie verursacht haben. Die Erfassung der fixen Kosten erfolgt als Block, ohne dass diese auf die Kostenträger verrechnet werden. Als Systeme der Teilkostenrechnung mit Praxisbezug gelten:
- einstufige Deckungsbeitragsrechnung (Direct Costing),
- mehrstufige Deckungsbeitragsrechnung (Fixkostendeckungsrechnung),
- Grenzplankostenrechnung.

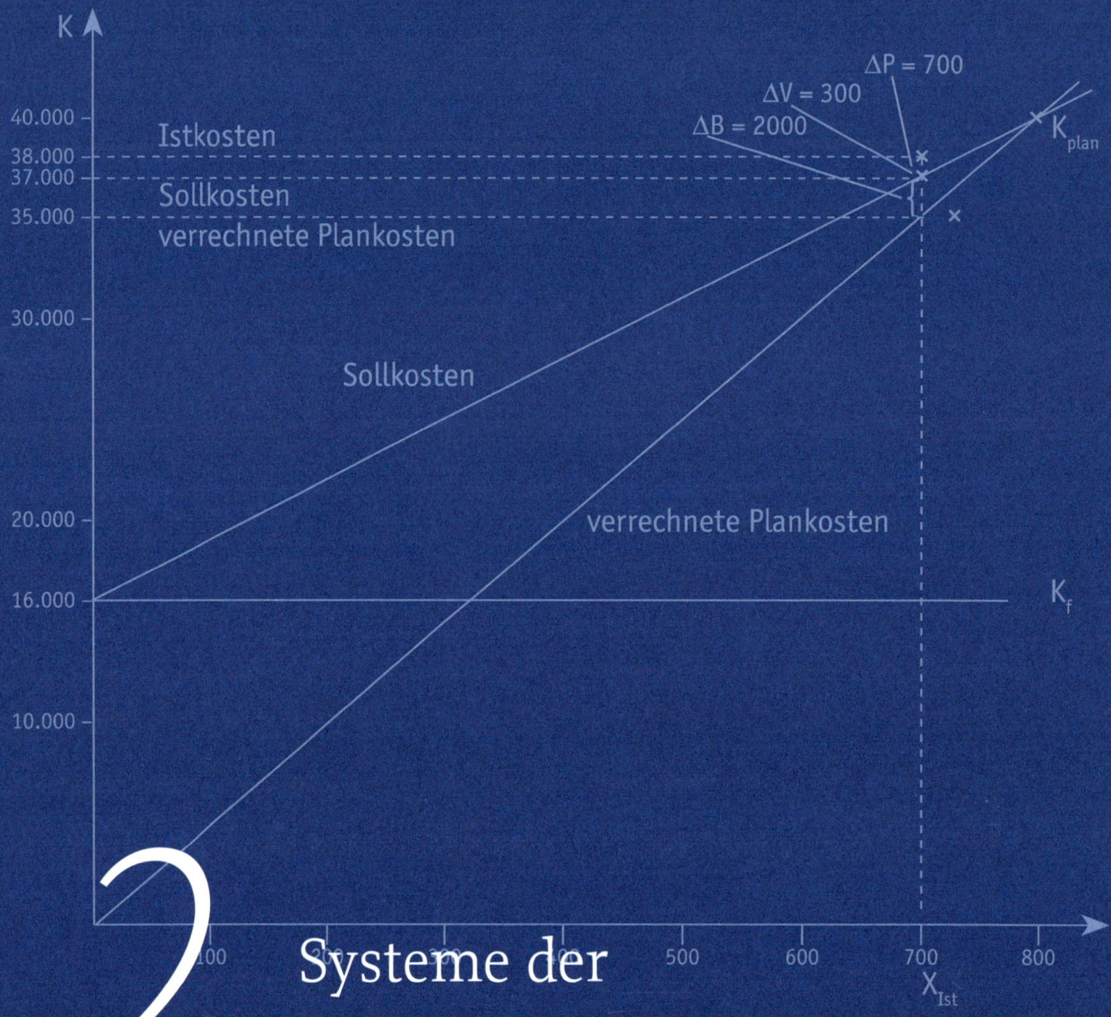

2 Systeme der Vollkostenrechnung

2.1 Kostenartenrechnung

Aufgabe der Kostenartenrechnung ist es zunächst, aus den Aufwendungen der vergangenen Periode die relevanten Kosten zu ermitteln. Anschließend sind diese Kosten zweckbezogen zu gliedern. Die Fragestellung der Kostenartenrechnung lautet demnach:

> **!** Welche Kosten sind angefallen?

2.1.1 Abgrenzungsrechnung

Die Abgrenzungsrechnung dient dazu, die Aufwendungen und Erträge der Gewinn- und Verlustrechnung in Kosten und Leistungen überzuführen. In Theorie und Praxis haben sich zu diesem Zweck zwei Alternativen herausgebildet, das Einkreissystem sowie das Zweikreissystem.

Abb. 2.1: Das Abrechnungsprinzip im Einkreissystem (vgl. Wedell 2004, S. 69)

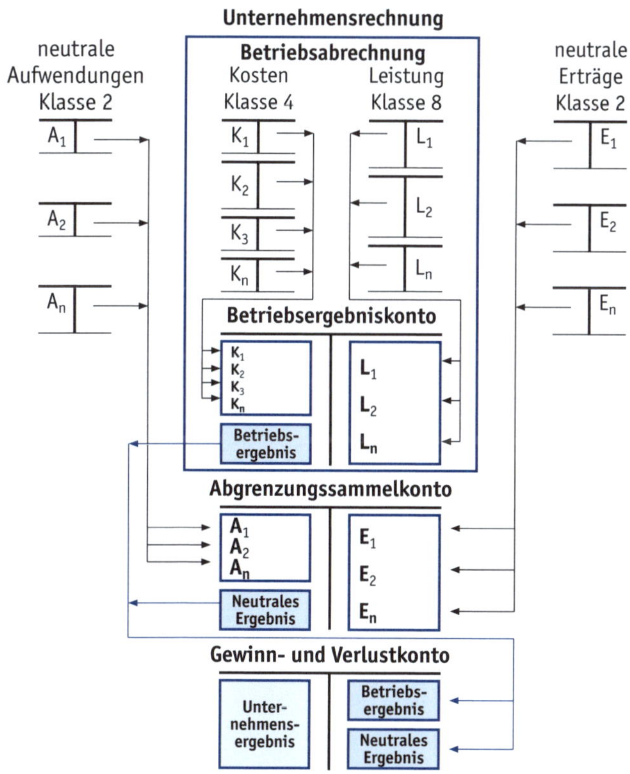

Im **Einkreissystem** bilden die **Finanzbuchhaltung und die Betriebsbuchhaltung** (Kosten- und Leistungsrechnung) **eine Einheit**. Das Ergebnis der Gewinn- und Verlustrechnung setzt sich buchhalterisch aus dem Betriebsergebnis der Kosten- und Leistungsrechnung und dem neutralen Ergebnis zusammen. Das Einkreissystem ist beispielsweise im Gemeinschaftskontenrahmen der Industrie (GKR) implementiert. Das Abrechnungsprinzip im Einkreissystem wird in vorstehender Abbildung verdeutlicht.

Im **Zweikreissystem** bilden die Finanzbuchhaltung und die Betriebsbuchhaltung **zwei geschlossene Systeme**. Zur Überführung der Werte der Gewinn- und Verlustrechnung in die Kosten- und Leistungsrechnung ist deshalb eine Überleitungsrechnung bzw. **Abgrenzungsrechnung notwendig**:

- In einem ersten Schritt werden aus der G+V-Rechnung die Zweckaufwendungen übernommen. Diese werden in gleicher Höhe in die Kosten- und Leistungsrechnung übernommen. Es handelt sich hierbei um aufwandsgleiche Kosten oder **Grundkosten** (z.B. Löhne, Gehälter). Das Pendant dazu bilden die **Grundleistungen** (z.B. Umsatzerlöse). Keine Berücksichtigung in der Kosten- und Leistungsrechnung finden Aufwendungen und Erträge, die betriebszweckfremd, periodenfremd oder außerordentlich sind. Hierbei handelt es sich um neutrale Aufwendungen und Erträge.
- In einem zweiten Schritt werden aus der G+V-Rechnung die Aufwendungen und Erträge herausgefiltert, die mit einem anderen Betrag in der Kosten- und Leistungsrechnung übernommen werden. Es handelt sich um die **Anderskosten** bzw. **Andersertäge** wie z.B. kalkulatorische Abschreibungen (kostenrechnerische Korrekturen).
- In einem dritten Schritt finden in der Betriebsbuchführung solche Kosten und Leistungen Berücksichtigung, denen keine Aufwendungen und Erträge gegenüberstehen. Es handelt sich um die **Zusatzkosten** bzw. **Zusatzerträge** wie z.B. der kalkulatorische Unternehmerlohn oder die kalkulatorische Verzinsung des Eigenkapitals (kostenrechnerische Korrekturen).

Das Zweikreissystem ist beispielsweise im Industriekontenrahmen (IKR) implementiert.

Rechnungskreis I			Rechnungskreis II					
Finanzbuchhaltung			Abgrenzungsbereich: Neutrales Ergebnis				Kosten- und Leistungsrechnung	
			Unternehmensbez. Abgrenzungen		Kostenrechnerische Korrekturen[1]			
Konto	Aufw.	Ertrag	neutraler Aufw.	neutraler Ertrag	Aufw.	Verr. Kosten[2]	Kosten	Leistungen
Umsatzerlöse		500.000						500.000
Bestandsveränd.		2.000						2.000
Mieterträge		18.000		18.000				
Materialaufwand	120.000						120.000	
Personalaufwand	136.000						136.000	
Abschreibungen	55.000				55.000	75.000	75.000	
Spenden	500		500					
Steuern	10.200						10.200	
Sonst. Aufwand	65.000						65.000	

Zinsaufwand	18.000				18.000	25.000	25.000	
Kalk. Miete					0	20.000	20.000	
Kalk. Wagnisse					0	15.000	15.000	
Ergebnis	404.700	520.000	500	18.000	73.000	135.000	466.200	502.000
	115.300		17.500		62.000		35.800	
	520.000	520.000	18.000	18.000	135.000	135.000	502.000	502.000
	Gesamtergebnis: + 115.300		Neutrales Ergebnis: + 79.500				Betriebsergebnis: + 35.800	

[1]) Denkbar wären darüber hinaus auch leistungsrechnerische Korrekturen, die in der Praxis allerdings nur selten notwendig sind.
[2]) Anderskosten, Zusatzkosten.

Beispiel: Die Abgrenzungsrechnung soll anhand oben stehender Tabelle demonstriert werden:
Im Rechnungskreis I ist die Gewinn- und Verlustrechnung der Finanzbuchhaltung abgebildet, also die Gegenüberstellung von Aufwendungen und Erträgen. Im Beispiel betragen die gesamten Aufwendungen 404.700 € und die gesamten Erträge 520.000 €; der daraus resultierende Gewinn beläuft sich auf 115.300 € (Gesamtergebnis).
Aus dem Gesamtergebnis der Finanzbuchhaltung (Rechnungskreis I) wird das neutrale Ergebnis (79.500 €) herausgerechnet. Daraus resultiert das Betriebsergebnis in Höhe von 35.800 €, welches das Residuum aus betriebszweckbezogenen und periodengerechten Erfolgsgrößen, den Kosten und Leistungen, darstellt.
Die rechnerische Abgrenzung im Detail lässt sich wie folgt analysieren:
Alle Aufwendungen und Erträge werden in gleicher Höhe als Kosten und Leistungen übernommen, sofern diese Erfolgsgrößen betriebszweckbezogen sind und der gleiche Wertansatz in der Kosten- und Leistungsrechnung zweckmäßig ist. Im Beispiel handelt es sich um Umsatzerlöse, Bestandsveränderungen, Materialaufwand, Personalaufwand, Steuern und sonstigen Aufwand.
Nicht in die Kosten- und Leistungsrechnung übernommen werden die betriebszweckfremden Aufwendungen und Erträge des Rechnungskreises I. Diese werden als neutrale Aufwendungen und Erträge innerhalb der unternehmensbezogenen Abgrenzungen separat erfasst. Es handelt sich im Beispiel um die Positionen Mieterträge und Spenden. Ferner könnten darüber hinaus – sofern notwendig – auch noch periodenbezogene sowie außerordentliche Abgrenzungen vorgenommen werden. Um die Übersichtlichkeit nicht unnötig zu erschweren, können die letzteren beiden Abgrenzungen jedoch auch im Rahmen der unternehmensbezogenen Abgrenzungen vorgenommen werden.
Neben den unternehmensbezogenen Abgrenzungen sind zusätzlich kostenrechnerische Korrekturen vorzunehmen. Es handelt sich zum einen um Anderskosten, die mit einem anderen Betrag als im Rechnungskreis I angesetzt werden (Abschreibungen, Zinsaufwand). Beispielsweise sind den Abschreibungen des Rechnungskreises I handels- und steuerrechtliche Obergrenzen gesetzt, während diese Position im Rechnungskreis II etwa aufgrund gestiegener Wiederbeschaffungspreise darüber hinaus gehen kann. Zum anderen erfolgen kostenrechnerische Korrekturen in Form von Zusatzkosten. Hierbei handelt es sich um Kosten, denen aufgrund handelsrechtlicher Ansatzverbote kein entsprechender Aufwand gegenübersteht. Im Beispiel sind dieses die Positionen kalkulatorische Miete und kalkulatorische Wagnisse.

Das neutrale Ergebnis in Höhe von 79.500 € verteilt sich mit 17.500 € auf die unternehmensbezogenen Abgrenzungen und mit 62.000 € auf die kostenrechnerischen Korrekturen. Insgesamt gilt:

Gesamtergebnis	=	neutrales Ergebnis	+	Betriebsergebnis
115.300 €	=	79.500 €	+	35.800 €

Zusammenfassend ist festzustellen, dass die Abgrenzungsrechnung die Abweichungen zwischen der Finanzbuchhaltung und der Kosten- und Leistungsrechnung dokumentiert. Die Abweichungen zwischen den Rechenwerken setzen sich zusammen aus dem neutralen Ergebnis und den kostenrechnerischen Korrekturen.

In den nächsten Abschnitten gehen wir näher auf die **Einteilung und Bewertung der Kostenarten** ein. Die Gliederung der Kostenarten erfolgt nach der Art der verbrauchten Produktionsfaktoren.

2.1.2 Materialkosten

Materialkosten fallen für folgende Güter an:

- **Rohstoffe**, die als Hauptbestandteile unmittelbar in die Erzeugnisse eingehen. Sie werden als Einzelkosten verrechnet. Beispiele: Gummi bei Reifen, Holz bei Schränken, Leder bei Jacken.
- **Hilfsstoffe**, die als Nebenbestandteile unmittelbar in die Erzeugnisse eingehen. Aus wirtschaftlichen Gründen werden Hilfsstoffe üblicherweise als unechte Gemeinkosten verrechnet. Beispiele: Nägel, Leim, Schrauben, Lacke.
- **Betriebsstoffe**, die nicht in die Erzeugnisse eingehen. Betriebsstoffe werden mittelbar oder unmittelbar bei der Produktion von Erzeugnissen verbraucht. Die Verrechnung von Betriebsstoffen erfolgt in Form von Gemeinkosten. Beispiele: Gas, Wasser, Strom, Schmiermittel.

Darüber hinaus sind **Fremdbauteile** zu nennen, die ohne weitere Be- oder Verarbeitung in die jeweiligen Erzeugnisse eingehen. Beispiel: Motoren bei Pkws.

Warenkosten betreffen vor allem in Handelsbetrieben den wertmäßigen Einsatz von **Waren** zur Erzielung von Umsatzerlösen. Waren werden ohne weitere Be- oder Verarbeitung im Absatzmarkt verkauft. Sowohl der Wareneinsatz als auch der Verbrauch an Fremdbauteilen wird als Einzelkosten verrechnet.

Die **Bestimmung der Materialkosten** erfolgt in zwei Schritten:

1. Ermittlung der Verbrauchsmengen,
2. Bewertung der Verbrauchsmengen.

Abb. 2.2: Ermittlung des Materialverbrauchs

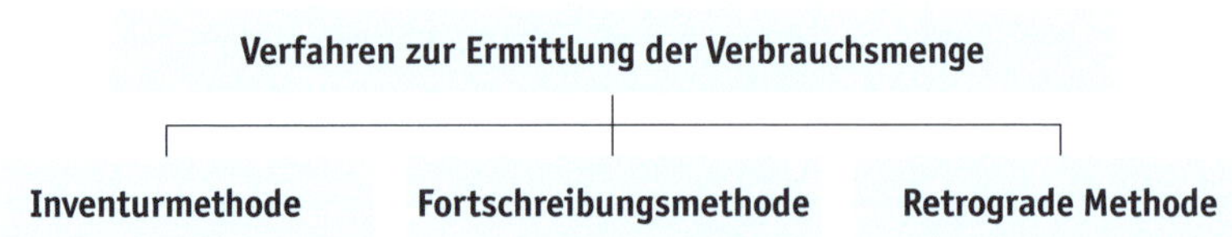

Die **Ermittlung der Verbrauchsmengen** der jeweiligen Materialien kann nach unterschiedlichen Verfahren erfolgen:

Mithilfe der **Inventurmethode** wird die Verbrauchsmenge zum Zeitpunkt der Inventur ermittelt. Die Verbrauchsmenge ergibt sich aus der Summe von Anfangsbestand und Zugängen abzüglich des Endbestandes.

	Anfangsbestand lt. Inventur
+	Zugänge lt. Belegen
–	Endbestand lt. Inventur
=	Verbrauch der abgelaufenen Periode

Beurteilung der Inventurmethode:
Für die Inventurmethode spricht deren Durchführbarkeit, die mit vergleichsweise **wenig Aufwand** verbunden ist. Bei Anwendung der Inventurmethode bleibt jedoch unklar, welcher Anteil des Verbrauchs nicht zu Zwecken der Leistungserstellung angefallen ist, wie etwa Schwund, Diebstahl usw.

Die **Fortschreibungsmethode** (Skontrationsmethode) schließt diese Mängel aus. Voraussetzung dazu ist das Führen einer Lagerdatei, in der alle Lagerzugänge und Lagerabgänge mittels Belegen erfasst werden. Durch Addition der per Materialentnahmeschein dokumentierten Entnahmen lässt sich exakt die Verbrauchsmenge pro Periode bestimmen:

Verbrauch = Abgänge der Periode für Leistungszwecke laut Materialentnahmeschein

Beurteilung der Fortschreibungsmethode:
Die Fortschreibungsmethode hat den Vorteil, dass sich **Bestandsminderungen**, die auf nicht regulären Lagerentnahmen (Diebstahl, Schwund) beruhen, durch Vergleich des rechnerisch ermittelten mit dem durch Inventur tatsächlich festgestellten Bestand herausfinden lassen. Als nachteilig erweist sich die **aufwendige belegmäßige Organisation**. Durch den Einsatz von EDV lassen sich diese Nachteile jedoch mildern.

Bei der **retrograden Methode** (Rückrechnung) wird die Verbrauchsmenge anhand der erstellten fertigen und unfertigen Erzeugnisse errechnet. Mithilfe von Stücklisten lässt sich der mengenmäßige Verbrauch je Erzeugnis bestimmen. Durch Multiplikation der Verbrauchsmenge pro Erzeugnis mit der produzierten Menge kann dann auf den mengenmäßigen Materialverbrauch zurückgerechnet werden.

Verbrauch nach der retrograden Methode:
- Im **Industriebetrieb**: Verbrauch = Materialverbrauch je Erzeugnis (lt. Stückliste) · Produktionsmenge
- Im **Handelsbetrieb**: Verbrauch = Umsatzerlöse der Periode / (1 + Kalkulationsaufschlag)

Beurteilung der retrograden Methode:
Die retrograde Methode geht von Sollverbrauchsmengen aus und ist von daher **eher ungenau**. Darüber hinaus können wie bei der Inventurmethode **keine irregulären Lagerentnahmen** (Diebstahl, Schwund) erfasst werden.

Beispiel: Ermittlung des Rohstoffverbrauchs im Industriebetrieb. In der Lagerkartei sind folgende Bewegungen dokumentiert:

Datum	Vorgang	Menge in Stück
01.01.	Anfangsbestand lt. Inventur	200
01.02.	Zugang	150
01.03.	Abgang	120
01.07.	Zugang	100
01.08.	Abgang	100
01.10.	Abgang	160
31.12.	Schlussbestand lt. Inventur	40

Laut Stückliste gehen vier Rohstoffbestandteile in das Endprodukt ein; hergestellt wurden 90 Produkte.

Je nach Methode ergeben sich nun unterschiedliche Verbrauchswerte:

- Inventurmethode: 200 + 250 – 40 = 410 Stück
- Fortschreibungsmethode: 120 + 100 + 160 = 380 Stück
- Retrograde Methode: 90 · 4 = 360 Stück

Als Gründe für die Abweichungen zwischen Inventurmethode und Fortschreibungsmethode (30 Stück) kommen u.a. Schwund und Diebstahl infrage. Die Differenz der Werte zwischen Fortschreibungsmethode und retrograder Methode (20 Stück) kann u.a. mit der Produktion von Ausschuss erklärt werden.

Nach Ermittlung der Verbrauchsmengen sind diese mit Preisen zu bewerten.

Die **Bewertung der Verbrauchmengen** ist über folgende Wertansätze möglich:

Abb. 2.3: Möglichkeiten zur Bewertung des Materialverbrauchs

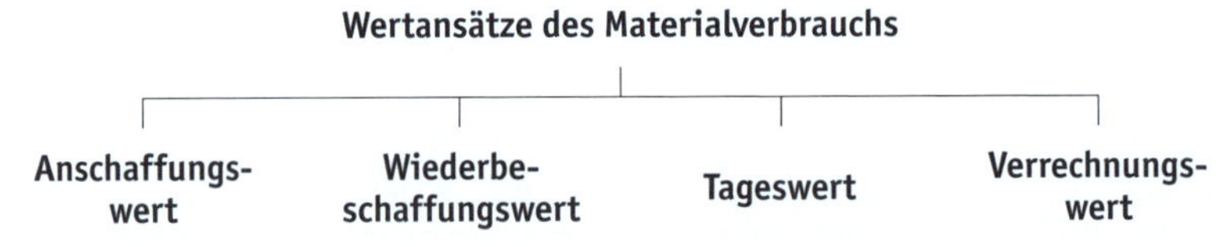

Der **Anschaffungswert** des Materials wird auch als Einstandspreis bezeichnet. Die Ermittlung des Einstandspreises ist auf folgendem Wege möglich:

	Angebotspreis
–	Preisminderungen
+	Zuschläge
+	Bezugskosten
=	Anschaffungswert (Einstandspreis)

Die Bewertung mit effektiven Anschaffungswerten ist eher im Ausnahmefall möglich, da die Einstandspreise im Zeitablauf schwanken und von daher aus wirtschaftlichen Gründen eher auf Bewertungsvereinfachungsverfahren zurückgegriffen wird. Die Bewertungsvereinfachungsverfahren beruhen auf durchschnittlichen oder fiktiven Anschaffungswerten (Verbrauchsfolgeverfahren).

Abb. 2.4: Vereinfachte, auf dem Anschaffungswert beruhende Bewertungsverfahren

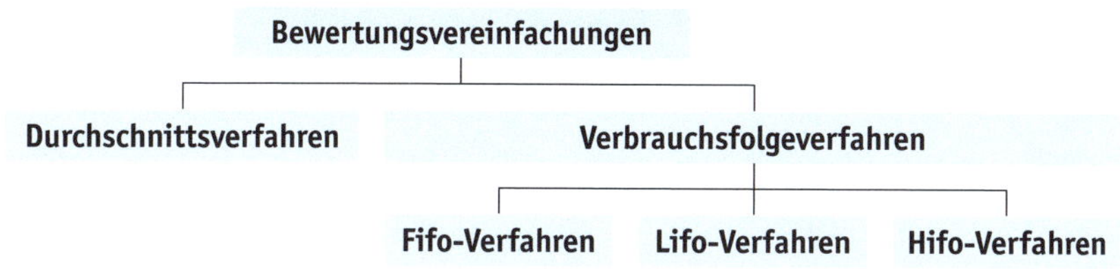

Durchschnittliche Anschaffungswerte lassen sich auf zweierlei Weise errechnen:
1. in periodischer oder
2. in permanenter Form.

Zu 1: Das **periodische Durchschnittsverfahren** wird am Ende der Periode durchgeführt. Der Durchschnittspreis ergibt sich aus dem gewogenen arithmetischen Mittel der Anschaffungswerte aller Zugänge der Periode und dem Anfangsbestand.

$$\text{Durchschnittlicher Anschaffungswert} = \frac{\text{AB + Summe der Zugänge in €}}{\text{AB + Summe der Zugänge in Stück}}$$

Beispiel: Lagerdatei für eine Rohstoffart:

Vorgang/Datum	Menge	Preis pro Einheit (€)
Anfangsbestand (01.01.)	100	6
1. Zugang (01.02.)	50	7
1. Abgang (15.02.)	60	
2. Zugang (01.03.)	60	5
2. Abgang (15.03.)	80	
3. Zugang (01.10.)	120	8
3. Abgang (15.10.)	140	
Endbestand (31.12.)	50	

$$\text{Durchschnittspreis} = \frac{100 \cdot 6 + 50 \cdot 7 + 60 \cdot 5 + 120 \cdot 8}{100 + 50 + 60 + 120} = \frac{2210}{330} \approx 6{,}697$$

Nach dem periodischen Durchschnittsverfahren beträgt der Anschaffungspreis pro Einheit also rund 6,697 €.

Bewertung des Endbestandes: 50 · 6,697 € = 334,85 €
Verbrauch: 280 · 6,697 € = 1.875,16 €

Zu 2: Dagegen wird beim **permanenten Durchschnittsverfahren** der Durchschnittspreis gleitend, d.h. nach jedem Zugang ermittelt.

Beispiel:

Vorgang	Menge	Preis je Einheit	Werte in €	∅ Wert je Einheit in €
Anfangsbestand	100	6	600	
1. Zugang	50	7	350	
Bestand	150		950	6,33
1. Abgang	60	6,33	379,80	
Bestand	90		570,20	6,33
2. Zugang	60	5	300	
Bestand	150		870,20	5,80
2. Abgang	80	5,80	464	
Bestand	70		406,20	5,80
3. Zugang	120	8	960	
Bestand	190		1.366,20	7,19
3. Abgang	140	7,19	1.006,60	
Endbestand	50		359,60	7,19

Verbrauch: 379,80 € + 464 € + 1.006,60 € = 1.850,40 €

Die permanente Durchschnittsbewertung führt zu sehr aktuellen Werten, allerdings ist sie auch sehr arbeitsintensiv.

Alternativ lassen sich die Anschaffungswerte analog zu den zulässigen **Verbrauchsfolgeverfahren** des externen Rechnungswesens ermitteln. Dazu zählen das Lifo-, Fifo- und Hifo-Verfahren.

Das **Fifo-Verfahren** (first in – first out) geht davon aus, dass das zuerst am Lager eingegangene Material auch als Erstes verbraucht worden ist. Dieses Verfahren erscheint bei Gütern sinnvoll, deren Lagerung und Entnahme chronologisch geordnet sind. Das Fifo-Verfahren kann in periodischer oder in permanenter Form durchgeführt werden.

Beispiel:

Vorgang/Datum	Menge	Preis pro Einheit (€)
Anfangsbestand (01.01.)	100	6
1. Zugang (01.02.)	50	7
1. Abgang (15.02.)	60	
2. Zugang (01.03.)	60	5
2. Abgang (15.03.)	80	
3. Zugang (01.10.)	120	8
3. Abgang (15.10.)	140	
Endbestand (31.12.)	50	

Nach dem **periodischen Fifo-Verfahren** wird der mengenmäßige Verbrauch von 280 Stück wie folgt bewertet:

		100 · 6 €
	+	50 · 7 €
	+	60 · 5 €
	+	70 · 8 €
Verbrauch:	=	1.810 €

Der Endbestand wird mit 400 € (50 · 8 €) bewertet.

Nach dem **permanenten Fifo-Verfahren** wird der Verbrauch laufend bewertet nach folgender Rechnung:

1. Abgang:	60 · 6 €	=	360 €
2. Abgang:	40 · 6 €		
	+ 40 · 7 €	=	520 €
3. Abgang:	10 · 7 €		
	+ 60 · 5 €		
	+ 70 · 8 €	=	930 €
∑ Verbrauch:		=	1.810 €

Das **Lifo-Verfahren** (last in – first out) unterstellt, dass das zuletzt am Lager eingegangene Material als Erstes verbraucht wird. Dieses Verfahren erscheint bei Schüttgütern plausibel. Das Lifo-Verfahren kann ebenfalls in periodischer oder in permanenter Form durchgeführt werden.

Beispiel:

Vorgang/Datum	Menge	Preis pro Einheit (€)
Anfangsbestand (01.01.)	100	6
1. Zugang (01.02.)	50	7
1. Abgang (15.02.)	60	
2. Zugang (01.03.)	60	5
2. Abgang (15.03.)	80	
3. Zugang (01.10.)	120	8
3. Abgang (15.10.)	140	
Endbestand (31.12.)	50	

Nach dem **periodischen Lifo-Verfahren** wird der mengenmäßige Verbrauch von 280 Stück wie folgt bewertet:

		120 · 8 €
	+	60 · 5 €
	+	50 · 7 €
	+	50 · 6 €
Verbrauch:	=	1.910 €

Der Endbestand wird mit 300 € (50 · 6 €) bewertet.

Nach dem **permanenten Lifo-Verfahren** wird der Verbrauch laufend bewertet nach folgender Rechnung:

1. Abgang:	50 · 7 €		
	+ 10 · 6 €	=	410 €
2. Abgang:	60 · 5 €		
	+ 20 · 6 €	=	420 €
3. Abgang:	120 · 8 €		
	+ 20 · 6 €	=	1.080 €
∑ Verbrauch:		=	1.910 €

Das **Hifo-Verfahren** (highest in – first out) unterstellt, dass die zu den höchsten Preisen beschafften Materialien zuerst verbraucht werden. Das Hifo-Verfahren entspricht bei stetig steigenden (sinkenden) Preisen dem Lifo-Verfahren (Fifo-Verfahren). Auch das Hifo-Verfahren ist in periodischer oder in permanenter Form durchführbar.

Beispiel:

Vorgang/Datum	Menge	Preis pro Einheit (€)
Anfangsbestand (01.01.)	100	6
1. Zugang (01.02.)	50	7
1. Abgang (15.02.)	60	
2. Zugang (01.03.)	60	5
2. Abgang (15.03.)	80	
3. Zugang (01.10.)	120	8
3. Abgang (15.10.)	140	
Endbestand (31.12.)	50	

Nach dem **periodischen Hifo-Verfahren** wird der mengenmäßige Verbrauch von 280 Stück wie folgt bewertet:

		120 · 8 €
	+	50 · 7 €
	+	100 · 6 €
	+	10 · 5 €
Verbrauch:	=	1.960 €

Der Endbestand wird mit 250 € (50 · 5 €) bewertet.

Nach dem **permanenten Hifo-Verfahren** wird der Verbrauch laufend bewertet nach folgender Rechnung:

1. Abgang:	50 · 7 €		
	+ 10 · 6 €	=	410 €
2. Abgang:	80 · 6 €	=	480 €
3. Abgang:	120 · 8 €		
	+ 10 · 6 €		
	+ 10 · 5 €	=	1.070 €
Σ Verbrauch:		=	1.960 €

Neben dem Anschaffungspreis können in der Kostenartenrechnung auch alternative Wertansätze eingesetzt werden, das sind:

- Wiederbeschaffungswert,
- Tageswert,
- Verrechnungspreis.

Der Ansatz mit dem **Wiederbeschaffungswert** berücksichtigt die Substanzerhaltung im Unternehmen, da jener Wert in der Kostenrechnung angesetzt wird, der notwendig ist, um das Material zu einem späteren Zeitpunkt wiederzubeschaffen.

Allerdings bereitet der Ansatz mit dem Wiederbeschaffungswert oftmals **Probleme**:
- Der Zeitpunkt der Wiederbeschaffung ist schwer abzuschätzen.
- Die Preise zu diesem Zeitpunkt sind ebenfalls schwierig zu ermitteln.

Da der Wiederbeschaffungswert oftmals Schwierigkeiten bereitet, kann stattdessen die Bewertung der verbrauchten Materialien mit dem **Tageswert** erfolgen.

Der Zeitpunkt zur Ermittlung des Tageswertes kann an alternative betriebliche Prozesse gekoppelt werden (Einkauf, Produktion, Verkauf). Sinnvoll erscheint insbesondere der Tag der Lagerentnahme der Materialien.

Um unternehmensexterne Einflüsse, insbesondere Preisschwankungen, auszuschalten, kann die Verwendung von **Festpreisen** sinnvoll sein.

Hierbei wird der Verbrauch einer Einheit eines Materials über einen längeren Zeitraum mit einem **festen Verrechnungspreis** angesetzt. In der Praxis werden Festpreise insbesondere eingesetzt bei:
- der innerbetrieblichen Leistungsverrechnung,
- der Bewertung von Kuppelprodukten,
- der Abrechnung zwischen Einheiten eines Konzerns.

2.1.3 Personalkosten

Ein Großteil der Personalkosten lässt sich über die Lohn- und Gehaltsabrechnung im Unternehmen ermitteln. Als Personalkosten können alle durch den Einsatz von Arbeitnehmern verursachten Kosten verstanden werden:
- Löhne,
- Gehälter,
- soziale Kosten,
- sonstige Personalkosten.

Bei den Löhnen ist zwischen **Fertigungslöhnen** und **Hilfslöhnen** zu unterscheiden. Dabei entfallen Fertigungslöhne auf Arbeiten, die unmittelbar mit der Herstellung der Produkte zusammenhängen, wogegen Hilfslöhne lediglich einen mittelbaren Bezug zur Herstellung eines Produktes haben (z.B. Meisterlöhne, Löhne für Betriebselektriker).

Während **Hilfslöhne Gemeinkosten** darstellen, sind bei den Fertigungslöhnen differenziertere Betrachtungen anzustellen, da diese in unterschiedlichen Formen gewährt werden. Werden Fertigungslöhne in Form von **Akkordlöhnen** gewährt, hängt deren Höhe von der produzierten Menge ab. Insofern liegen hier zweifelsfrei **Einzelkosten** vor. Werden Fertigungslöhne hingegen als Zeitlohn gewährt, so wird ein fester Lohn für einen bestimmten Zeitraum gezahlt. Da **Zeitlöhne** unabhängig von der produzierten Menge anfallen, handelt es sich um **Gemeinkosten**.

Gehälter werden Angestellten für einen bestimmten Zeitraum gezahlt. Eine direkte Beziehung zur aufgebrauchten Produktionsmenge besteht nicht. Insofern liegen hier **Gemeinkosten** vor.

Sozialkosten haben entweder eine gesetzliche, tarifliche oder freiwillige Grundlage. Zu den gesetzlichen Sozialkosten zählen vor allem die Arbeitgeberanteile zur Kranken-, Renten-, Pflege- und Arbeitslosenversicherung. Tariflich vereinbarte Sozialleistungen sind beispielsweise Krankengeldzuschüsse oder Urlaubsgeld.

Bei den freiwilligen Sozialkosten können zwei Gruppen unterschieden werden (vgl. Haberstock 2008, S. 70):

- **Primäre freiwillige Sozialkosten** werden als Unterstützung direkt an den Arbeitnehmer gewährt. Als Beispiele können freiwillige Zulagen zur betrieblichen Altersversorgung, Fahrtkostenbeihilfen, Unterstützungszahlungen bei Geburten oder Hochzeiten genannt werden.
- **Sekundäre freiwillige Sozialkosten** entstehen für Leistungen, die dem Arbeitnehmer indirekt zugutekommen, wie z.B. Kosten für Bücherei, Kantine, Sportanlagen, Kindergarten.

Sonstige Personalkosten entstehen im Rahmen von Personaleinstellungen und -entlassungen. Hierzu zählen beispielsweise Kosten für Inserate, Vorstellungsgespräche, Abfindungen und Umzüge.

2.1.4 Dienstleistungskosten

Dienstleistungskosten resultieren aus bezogenen **Serviceleistungen von außenstehenden Unternehmen**. Im Einzelnen handelt es sich beispielsweise um Transport-, Reparatur-, Versicherungs-, Werbekosten sowie Kosten im Zusammenhang mit juristischen Auseinandersetzungen. Weitere Dienstleistungskosten entstehen in Form von Mieten und Pachten.

Die Erfassung der Dienstleistungskosten ist vergleichsweise unproblematisch. Allerdings sind oftmals zeitliche Abgrenzungen einzelner Dienstleistungskostenarten notwendig, wie z.B. bei Versicherungsbeiträgen. Dienstleistungskosten sind in der Regel **Gemeinkosten**. In Einzelfällen ist eine Erfassung als Sondereinzelkosten möglich.

2.1.5 Steuern, Gebühren, Beiträge

Öffentliche Abgaben werden ganz allgemein von der öffentlichen Hand zur Erzielung von Einnahmen erhoben. Im Einzelnen handelt es sich um Steuern, Gebühren und Beiträge, wobei Letztere auch von halbstaatlichen und privaten Organisationen zur Erzielung von Einnahmen erhoben werden können.

Inwieweit Steuern als Kosten anzusetzen sind, ist umstritten (vgl. Haberstock 2008, S. 72f). Überwiegend werden solche Steuern als Kosten angesehen, die in einem **unmittelbaren betrieblichen Leistungszusammenhang** stehen (Kostensteuern).

Dagegen stellen **Ertragsteuern** (z.B. Einkommensteuer, Körperschaftsteuer, Gewerbeertragsteuer) keine Kosten dar, weil sie sich auf die **Verwendung** und nicht auf die Entstehung **des Ergebnisses** beziehen.

Die Behandlung von Kostensteuern (z.B. Kfz-Steuer, Grundsteuer) erfolgt in Form von Gemeinkosten.

Gebühren (z.B. für Beurkundungen, Beglaubigungen, Müllentsorgung) und **Beiträge** (z.B. an Kammern, Verbände) werden in der Regel auch als Gemeinkosten erfasst.

2.1.6 Kalkulatorische Kosten

Kalkulatorische Kosten können angesetzt werden, da die Kosten- und Leistungsrechnung keinen gesetzlichen Reglementierungen unterliegt. Durch deren Ansatz soll die Stetigkeit der Berechnungen und deren Aussagewert erhöht werden. Wie bereits früher erwähnt, unterteilen sich die kalkulatorischen Kosten in Anderskosten und Zusatzkosten.

Anderskosten steht ein Aufwand in anderer Höhe gegenüber. Die Abweichungen zwischen beiden Größen sind darin begründet, dass in der Kostenartenrechnung kalkulatorisch mit abweichenden Mengen oder Preisen des Güterverbrauchs gerechnet wird. Beispiele für Anderskosten sind kalkulatorische Abschreibungen, die sich in der Regel von den bilanziellen Werten unterscheiden. **Zusatzkosten** stehen keine Aufwendungen gegenüber. Dies ist beim kalkulatorischen Unternehmerlohn oder kalkulatorischen Mieten der Fall.

Der Ansatz kalkulatorischer Kosten, speziell der Zusatzkosten, ist in Theorie und Praxis nicht unumstritten. Aus kritischer Sicht werden sie als Gewinnanteile betrachtet, womit der Kostencharakter kaum noch gegeben wäre. Dem lässt sich jedoch entgegnen, dass die Zusatzkosten Opportunitätskosten darstellen. Dies bedeutet, dass der mit Zusatzkosten belastete Produktionsfaktor bei alternativem Einsatz außerhalb des Betriebes einen positiven Erfolg erwirtschaftet hätte. Dies betrifft beispielsweise den kalkulatorischen Unternehmerlohn für die Mitarbeit im eigenen Unternehmen. Alternativ hätte die eigene Arbeitskraft auch in ein Fremdunternehmen eingebracht werden können und würde in diesem Fall ein Geldeinkommen erwirtschaften.

2.1.6.1 Kalkulatorische Abschreibungen

Abschreibungen kennzeichnen den **planmäßigen Wertverzehr** des materiellen und immateriellen Anlagevermögens. Abschreibungen werden in der Finanzbuchhaltung und in der Kosten- und Leistungsrechnung erfasst. Während die **bilanziellen Abschreibungen aus handels- und steuerrechtlichen Zwecken** gebildet werden, sollen die **kalkulatorischen Abschreibungen** den **wirtschaftlich korrekten Wertverzehr** widerspiegeln. Darüber hinaus beschränken sich die kalkulatorischen Abschreibungen auf die Erfassung von planmäßigen und betriebsbedingten Wertminderungen.

In der Kosten- und Leistungsrechnung sind wegen fehlender gesetzlicher Vorschriften als Ausgangswerte nicht zwangsläufig die **Anschaffungs- oder Herstellungskosten** anzusetzen. Bei stark steigenden Beschaffungspreisen erscheint aus Gründen der Substanzerhaltung der **Wiederbeschaffungswert** als die beste Alternative.

Allerdings ist dieser Wert schwer zu ermitteln. Als zweite Alternative kann der **Tageswert** als Basis herangezogen werden, sodass sich die kalkulatorischen Abschreibungen auf den Zeitwert beziehen. Hilfreich sind hier Tabellen mit Preisindizes bestimmter Betriebsmittel, die von einzelnen Wirtschaftsverbänden herausgegeben werden.

Oftmals wird allerdings aus Gründen der Wirtschaftlichkeit in der Praxis auf die Anschaffungskosten als Ausgangswert zurückgegriffen. Obwohl die kalkulatorischen Berechnungen methodisch grundsätzlich mit allen drei Ausgangswerten durchführbar sind, beziehen sich die **weiteren Ausführungen** aus Gründen der einfacheren Darstellbarkeit lediglich auf die **Anschaffungskosten als Basiswert**.

Im Gegensatz zur bilanziellen Abschreibung, die prinzipiell eine Verteilung des gesamten Anschaffungswertes darstellt, ist in der Kosten- und Leistungsrechnung ein Restwert zu berücksichtigen, wenn der Verkauf der Anlage nach Ablauf der geplanten Nutzungsdauer realistisch erscheint. Die **Schätzung das Restwertes** ist allerdings **mit Schwierigkeiten verbunden**, da dieser Wert erst in der Zukunft anfällt. Eine Vernachlässigung des Restwertes ist dann gerechtfertigt, wenn Anlagen bis zum Ende ihrer Nutzungsdauer eingesetzt werden und die Entsorgungskosten (Demontage, Rückführung) den realisierbaren Restwert voraussichtlich kompensieren.

Die **Schätzung der Nutzungsdauer** kann sich an Erfahrungswerten, Herstellerangaben oder den steuerrechtlichen AfA-Tabellen (Absetzung für Abnutzung) orientieren. Fehleinschätzungen der Nutzungsdauer führen zur Anpassung der periodischen Abschreibungswerte an den neuen Informationsstand. Nachverrechnungen von Kosten früherer Perioden unterbleiben, da Konkurrenten mit verursachungsgerechten Abschreibungen das Durchsetzen zu hoher Verkaufspreise verhindern.

Zur Berechnung der kalkulatorischen Abschreibungen stehen mehrere Abschreibungsmethoden zur Verfügung. An dieser Stelle werden folgende Verfahren unterschieden:

- lineare Abschreibung,
- degressive Abschreibung,
- progressive Abschreibung,
- leistungsbezogene Abschreibung.

Die **lineare Abschreibung** unterstellt eine gleichmäßige Verteilung der Anschaffungskosten auf die einzelnen Perioden während der Nutzungsdauer.

Der jährliche Abschreibungsbetrag ergibt sich, indem die Anschaffungskosten durch die Zahl der Nutzungsjahre dividiert werden.

$$a = \frac{A}{n}$$

mit: a = Abschreibungsbetrag (€/Jahr),
A = Anschaffungskosten (€) und
n = geschätzte Nutzungsdauer (Jahre)

Kann nach Ablauf der Nutzungsdauer noch ein Verkaufserlös für das Anlagegut erzielt werden, gilt:

$$a = \frac{A - R}{n}$$

mit: R = Restwert

Beispiel:

Erwerb eines Lkws zu 220.000 € Anschaffungskosten. Die geschätzte Nutzungsdauer beträgt zehn Jahre.

- Der jährliche lineare Abschreibungsbetrag beträgt 22.000 € (220.000 € / 10).
- Wird ein Wiederverkaufserlös nach zehn Jahren in Höhe von 10.000 € erwartet, so ändert sich der jährliche Abschreibungsbetrag wie folgt:

$$\frac{220.000\,€ - 10.000\,€}{10} = 21.000\,€$$

Für die lineare Abschreibung spricht die **einfache rechnerische Ermittlung** sowie die **konstante Verteilung des Wertverzehrs** in der Kosten- und Leistungsrechnung. Darüber hinaus kann die Auffassung vertreten werden, dass sich die lineare Abschreibung einem verursachungsgerechten Wertverzehr annähert. Dann müssen allerdings die steigenden Reparatur- und Instandhaltungskosten ebenfalls in gleichen Raten auf die Nutzungsperioden verteilt werden. Dabei kompensieren sich abnehmende zeitliche Wertverluste mit der zunehmenden Reparaturanfälligkeit der Anlagegüter. Diese Argumentation ist allerdings nur schlüssig bei einer ungefähr gleichmäßigen Beanspruchung der Kapazitäten in den Nutzungsjahren.

Bei der **degressiven Abschreibung** werden die Abschreibungsbeträge ungleichmäßig über die Nutzungsdauer verteilt, indem zuerst hohe und im Nutzungsverlauf abnehmende Wertverzehre unterstellt werden. Die degressive Abschreibung kann in geometrischer oder arithmetischer Form durchgeführt werden.

- Für die **geometrisch-degressive Abschreibung** ist charakteristisch, dass ein gleich bleibender Prozentsatz vom Restbuchwert abgeschrieben wird. Da es sich hierbei um eine unendliche geometrische Reihe handelt, ist eine Abschreibung auf den Nullpunkt mathematisch nicht möglich. Aus diesem Grunde ist im letzten Nutzungsjahr eine gesonderte Abschreibung in Höhe des Restwertes erforderlich. Der geometrisch-degressive Abschreibungssatz wird entweder vorgegeben oder ist unter Berücksichtigung eines Restwertes rechnerisch wie folgt zu ermitteln:

  $$p = 100\left(1 - \sqrt[n]{\frac{R}{A}}\right)$$

  mit: p = Abschreibungssatz (in %)

Beispiel:

Beibehaltung der Ausgangsdaten (220.000 € Anschaffungskosten, zehn Jahre Nutzungsdauer).

Durchführung der geometrisch-degressiven Abschreibung mit einem jährlichen Entwertungssatz in Höhe von 20 %.

Jahr	Abschreibungsbetrag pro Jahr	Restbuchwert zum Jahresende
0		220.000,00
1	44.000,00	176.000,00
2	35.200,00	140.800,00
3	28.160,00	112.640,00
4	22.528,00	90.112,00
5	18.022,40	72.089,60
6	14.417,92	57.671,68
7	11.534,34	46.137,34
8	9.227,46	36.909,88
9	7.381,98	29.527,90
10	5.905,58	23.622,32

- Bei der **arithmetisch-degressiven Abschreibung** (auch digitale Abschreibung) reduzieren sich die jährlichen Abschreibungsbeträge um den gleichen Degressionsbetrag. Dieser wird ermittelt, indem die Anschaffungskosten durch die Summe der in der Nutzungsdauer enthaltenen Jahresziffern dividiert werden:

$$D = \frac{A}{1 + 2 + \ldots + n} = \frac{2 \cdot A}{n \cdot (n + 1)} \quad \text{mit: } D = \text{Degressionsbetrag}$$

Zur Ermittlung des jährlichen Abschreibungsbetrages wird der Degressionsbetrag mit den Jahresziffern, also der jeweiligen Restnutzungsdauer, in fallender Reihenfolge multipliziert.

$$a_t = D \cdot (n + 1 - t)$$

mit: a_t = Abschreibungsbetrag im Jahre t, t = Jahr der Nutzung

Beispiel: Beibehaltung der Ausgangsdaten (220.000 € Anschaffungskosten, zehn Jahre Nutzungsdauer).

Zunächst erfolgt die Berechnung des Degressionsbetrages:

$$D = \frac{220.000}{1 + 2 + 3 + 4 + 5 + 6 + 7 + 8 + 9 + 10} = \frac{2 \cdot 220.000}{10\ (10 + 1)} = \frac{220.000}{55} = 4.000\ €$$

Anschließend werden die jährlichen Abschreibungsbeträge berechnet.

Jahr	Abschreibungsbetrag pro Jahr	Restbuchwert zum Jahresende
0		220.000
1	40.000	180.000
2	36.000	144.000
3	32.000	112.000
4	28.000	84.000
5	24.000	60.000
6	20.000	40.000
7	16.000	24.000
8	12.000	12.000
9	8.000	4.000
10	4.000	0

Zu den Methoden der degressiven Abschreibung ist anzumerken, dass diesen in der Kosten- und Leistungsrechnung eine eher geringe Bedeutung zukommt, weil diese Verfahren den Wertverzehr in der Regel nicht verursachungsgerecht abbilden.

Die **progressive Abschreibung** setzt einen ansteigenden Wertverzehr im Laufe der Nutzungsdauer voraus. Damit verläuft sie entgegengesetzt zur degressiven Abschreibung und kann analog in geometrischer oder in arithmetischer Form durchgeführt werden. Die Ermittlung der Abschreibungsbeträge verläuft dann lediglich in umgekehrter Reihenfolge.

Die progressive Abschreibung steht durch die starke Belastung der späteren Perioden im Widerspruch zu den Grundsätzen kaufmännischer Vorsicht und ist praktisch bedeutungslos.

Die **leistungsbezogene Abschreibung** weist in der Regel keinen eindeutigen Trend auf. Der periodenbezogene Substanzverzehr hängt von der Inanspruchnahme des Anlagegutes ab. Die Anschaffungskosten werden durch die geschätzte Kapazität (Gesamtleistungsmenge) des Anlagegutes geteilt. Somit ergibt sich der **Abschreibungsbetrag pro Leistungseinheit**. Wird dieser Wert mit der jährlich beanspruchten Leistungsmenge multipliziert, so ergibt sich der entsprechende Abschreibungsbetrag.

$$a = \frac{A}{L_G} \cdot L_t$$

mit: L_G = Gesamtleistung des Anlagegutes,
L_t = beanspruchte Leistung in der Periode t

Unter Berücksichtigung eines Restwertes ergibt sich:

$$a = \left(\frac{A - R}{L_G}\right) \cdot L_t$$

Beispiel: Der zu 220.000 € angeschaffte Lkw hat eine Nutzungskapazität von insgesamt 275.000 km. Entsorgungskosten entstehen nicht. Der Kostensatz pro gefahrenem Kilometer beträgt folglich 0,80 €.
Der Lkw wird beansprucht gemäß Spalte 2. Daraus ergeben sich die in Spalte 3 aufgeführten jährlichen Abschreibungsbeträge (in €):

Jahr	Gefahrene Kilometer	Abschreibung pro Jahr
1	30.000	24.000
2	35.000	28.000
3	32.000	25.600
4	20.000	16.000
5	30.000	24.000
6	16.000	12.800
7	30.000	24.000
8	10.000	8.000
9	40.000	32.000
10	32.000	25.600
Gesamt	275.000	220.000

Der Charakter der zeitbezogenen kalkulatorischen Abschreibungen (linear, degressiv, progressiv) unterscheidet sich von dem der leistungsbezogenen Ermittlung. **Zeitbezogene** kalkulatorische Abschreibungen stellen im Regelfall **Gemeinkosten** dar, in Ausnahmefällen kann eine Verrechnung als Sondereinzelkosten vorgenommen werden. Dagegen sind **leistungsbezogene** Abschreibungen von ihrem Charakter her variabel. Somit ist eine Verrechnung im Form von **Einzelkosten** möglich.

Da Anlagegüter in der Regel sowohl einem wirtschaftlichen als auch einem technischen Verschleiß unterliegen, kann eine Kombination aus zeitbezogener und leistungsbezogener Abschreibung vorgenommen werden.

Beispiel: Gleichgewichtige Kombination aus zeitlicher (linear mit 20 %) und leistungsmäßiger Abschreibung. Es gelten die Ausgangsdaten des Lkws.
Berechnung des Zeitanteils: 110.000 € / 10 = 11.000 € pro Jahr
Berechnung des Leistungsanteils: 110.000 € / 275.000 = 0,4 € pro Jahr

Jahr	Zeitanteil (lineare Abschreibung)	Leistungsanteil (leistungsmäßige Abschr.)	Jährlicher Abschreibungsbetrag
1	11.000	12.000	23.000
2	11.000	14.000	25.000
3	11.000	12.800	23.800
4	11.000	8.000	19.000
5	11.000	12.000	23.000
6	11.000	6.400	17.400
7	11.000	12.000	23.000
8	11.000	4.000	15.000
9	11.000	16.000	27.000
10	11.000	12.800	23.800
Gesamt	110.000	110.000	220.000

Sofern sich die kalkulatorischen Abschreibungen von den bilanziellen im Wert unterscheiden, handelt es sich um Anderskosten.

2.1.6.2 Kalkulatorische Zinsen

Das im Betrieb eingesetzte Kapital steht nur zeitlich begrenzt zur Verfügung, es verzehrt sich im Zeitablauf. Daraus ergibt sich die Notwendigkeit, kalkulatorische Zinsen als Kosten anzusetzen. In der Finanzbuchhaltung werden lediglich die Fremdkapitalzinsen als Aufwand verrechnet. Dagegen beziehen sich die kalkulatorischen Zinsen auf das betriebsnotwendige Kapital, welches das Eigenkapital mit einschließt. Die Bereitstellung des Eigenkapitals verursacht nämlich Opportunitätskosten, da die Kapitalgeber alternative Anlageformen wählen könnten.

Das **betriebsnotwendige Kapital** lässt sich folgendermaßen ermitteln:

	betriebsnotwendiges Anlagevermögen
+	betriebsnotwendiges Umlaufvermögen
=	betriebsnotwendiges Vermögen
–	Abzugskapital
=	betriebsnotwendiges Kapital

Bei der Ermittlung des **betriebsnotwendigen Vermögens** sind von den gesamten Vermögenswerten die nicht betriebsnotwendigen Teile herauszurechnen, wie z.B.:

- nicht genutzte Grundstücke,
- Mietshäuser mit Ausnahme von Werkswohnungen,
- Wertpapiere, mit denen keine betrieblichen Beteiligungsziele verfolgt werden (z.B. Sicherung der Versorgung mit bestimmten Rohstoffen durch Beteiligung an einem Lieferanten).

Das **betriebsnotwendige Anlagevermögen** besteht aus abnutzbaren und nicht abnutzbaren Teilen. Die **nicht abnutzbaren Gegenstände** des Anlagevermögens werden mit ihrem **vollen Wertansatz**, also den Anschaffungs- oder Herstellungskosten berücksichtigt. Für das **abnutzbare Anlagevermögen** ergeben sich **zwei alternative Ansatzmöglichkeiten**:

- Bei der **Restwertverzinsung** werden die kalkulatorischen Zinsen vom Restwert der jeweiligen Periode berechnet. Die kalkulatorischen Zinsen eines einzelnen Anlagegutes nehmen also im Laufe der Zeit mit den Restwerten ab.
- Im Rahmen der **Durchschnittswertverzinsung** werden die kalkulatorischen Zinsen auf Basis des halben Anschaffungs-, Tages- oder Wiederbeschaffungswertes ermittelt, ggf. unter Berücksichtigung eines eventuellen Restwertes. Aus diesem Grund sind die kalkulatorischen Zinsen im Laufe der Zeit konstant.

$$\text{Durchschnittlich gebundener Wert} = \frac{\text{Anschaffungswert + Restwert}}{2}$$

Abb. 2.5: Zinsverlauf bei Restwert- versus Durchschnittswertverzinsung

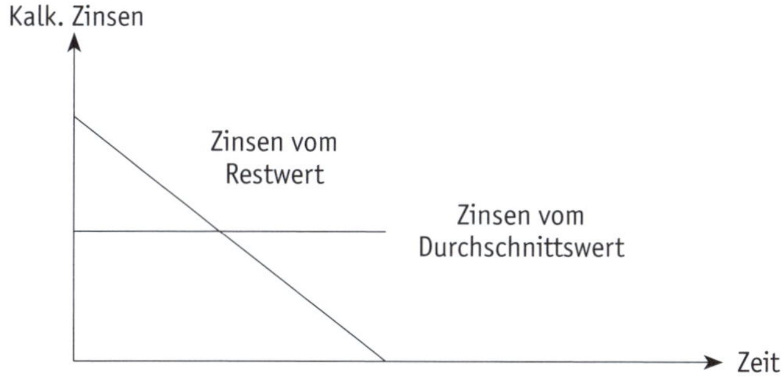

Für kostenrechnerische Zwecke ist die Durchschnittswertmethode in den meisten Fällen besser geeignet als die Restwertmethode. Die **Durchschnittswertmethode** hat den Vorteil einer **einfacheren Berechnung** und verteilt die kalkulatorischen Kosten **gleichmäßiger** im Zeitablauf. Allerdings entsprechen die auf diese Weise ermittelten kalkulatorischen Zinsen nicht der tatsächlichen Kapitalbindung. Die Restwertverzinsung hingegen würde dazu führen, dass die Stückkosten bei Anwendung der Vollkostenrechnung und konstanten Produktionsmengen von Jahr zu Jahr fallen (vgl. Haberstock 2008, S. 97f).

Das **betriebsnotwendige Umlaufvermögen** ist mit den Werten anzusetzen, die durchschnittlich während einer Periode im Unternehmen gebunden sind.

Den durchschnittlich gebundenen Wert kann man auf zweierlei Weise ermitteln:

1) $\text{Durchschnittlich gebundener Wert} = \frac{(\text{Anfangsbestand} + \text{Endbestand})}{2}$

2) $\text{Durchschnittlich gebundener Wert} = \frac{(\text{Anfangsbestand} + 12\ \text{Monatsbestände})}{13}$

Durch Addition von betriebsnotwendigem Anlage- und Umlaufvermögen ergibt sich das **betriebsnotwendige Vermögen**. Wird davon das **Abzugskapital subtrahiert**, so ergibt sich das **betriebsnotwendige Kapital**. Als Abzugskapital wird derjenige Teil des Fremdkapitals bezeichnet, der dem Unternehmen zinsfrei zur Verfügung steht. Dazu zählen:

- zinsfreie Lieferantenkredite,
- zinsfreie Darlehen,
- Anzahlungen von Kunden.

Der Ansatz des Abzugskapitals ist nicht unumstritten, da die meisten Verbindlichkeiten verzinst werden müssen, wenn auch oftmals in versteckter Form.

Beispielsweise wird für die zügige Bezahlung von Warenverbindlichkeiten in der Regel Skonto gewährt. Weiterhin führt eine Überziehung des Zahlungsziels häufig zu Mahngebühren und der Zahlung von Verzugszinsen.

Die Berechnung der kalkulatorischen Zinsen erfolgt gemäß der Formel:

Betriebsnotwendiges Kapital · Zinssatz = kalkulatorische Zinsen

Die Frage nach dem richtigen Zinssatz wird in der Literatur kontrovers diskutiert. Empfehlenswert ist ein **gemischter Zinssatz** für die im betriebsnotwendigen Kapital gebundenen Eigen- und Fremdkapitalanteile. Aus Vereinfachungsgründen wird allerdings häufig der Zinssatz für **risikolose langfristige Kapitalanlagen** verwendet.

Beispiel:

	Grundstücke (Anschaffungskosten)	350.000 €
+	Gebäude (halbe Anschaffungskosten)	200.000 €
+	technische Anlagen und Maschinen (halbe Anschaffungskosten)	150.000 €
+	Betriebs- und Geschäftsausstattung (halbe Anschaffungskosten)	100.000 €
+	Vorräte (mittlerer Jahresbestand)	80.000 €
+	Forderungen (mittlerer Jahresbestand)	60.000 €
+	liquide Mittel (mittlerer Jahresbedarf)	80.000 €
=	betriebsnotwendiges Vermögen	1.020.000 €
–	Abzugskapital	0 €
=	betriebsnotwendiges Kapital	1.020.000 €

Beträgt der kalkulatorische Zinssatz 8%, so sind 81.600 € als kalkulatorische Zinsen anzusetzen: 1.020.000 € · 8% = 81.600 €

Wenn in dem betrachteten Betrieb zinsfreie Lieferantenkredite in Höhe von 50.000 € als Anzahlungen vorliegen, so verringert sich das betriebsnotwendige Kapital auf 970.000 €. Die kalkulatorischen Zinsen betragen dann: 970.000 € · 8% = 77.600 €.

Die Berechnung der kalkulatorischen Zinsen in der vorgestellten Weise führt zu Anderskosten, weil als Aufwand lediglich die Fremdkapitalzinsen berücksichtigt werden. Wenn der Ansatz der Eigenkapitalzinsen getrennt von den Fremdkapitalzinsen erfolgt, so sind Erstere Zusatzkosten und Letztere Grundkosten.

2.1.6.3 Kalkulatorischer Unternehmerlohn

Der kalkulatorische Unternehmerlohn stellt **Opportunitätskosten**, also Kosten für entgangenen Nutzen dar. Er kann in solchen Unternehmen zum Ansatz kommen, in denen die mitarbeitenden Gesellschafter kein Gehalt bekommen. Dies ist bei Einzelunternehmen immer und bei Personengesellschaften meistens der Fall (vgl. Haberstock 2008, S. 22).

Der kalkulatorische Unternehmerlohn hat **Zusatzkostencharakter**, da ihm kein entsprechender Aufwand in Form eines Gehaltes gegenübersteht. Der Ansatz des kalkulatorischen Unternehmerlohnes sollte sich an den Gehältern von Managern in vergleichbaren Unternehmen orientieren. Der kalkulatorische Unternehmerlohn stellt **fixe Gemeinkosten** dar.

2.1.6.4 Kalkulatorische Mieten

Stellt ein Unternehmer eigene Räume für betriebliche Zwecke zur Verfügung, ist der Ansatz von kalkulatorischer Miete aufgrund des **Opportunitätskostenprinzips** gerechtfertigt. Allerdings sind Doppelerfassungen zu vermeiden, sodass für diese Räume dann keine kalkulatorischen Abschreibungen, kalkulatorischen Zinsen, Instandhaltungs- und Versicherungskosten zum Ansatz kommen dürfen.

Die Höhe der kalkulatorischen Miete sollte sich an der ortsüblichen Miete orientieren. Kalkulatorische Mieten werden in der Regel als **fixe Gemeinkosten** erfasst.

2.1.6.5 Kalkulatorische Wagnisse

Aufgrund der unternehmerischen Tätigkeit entstehen eine Reihe von Risiken, die zu außerplanmäßigem Wertverzehr führen können. Generell kann zwischen dem allgemeinen Unternehmerwagnis und speziellen Einzelwagnissen unterschieden werden:

- Das **allgemeine Unternehmerwagnis** betrifft die Unternehmung als Ganzes. Hierzu zählen etwa konjunkturelle Schwankungen, Inflationen oder Nachfrageverschiebungen. Das allgemeine Unternehmerrisiko findet in der Kosten- und Leistungsrechnung keine Berücksichtigung, sondern ist im Gewinn abgegolten.
- **Spezielle Einzelwagnisse** sind direkt mit der betrieblichen Leistungserstellung verbunden und beziehen sich auf bestimmte Tätigkeiten, Bereiche oder Pro-

dukte. Einzelwagnisse können als betriebsbezogen angesehen werden. Deshalb kommt ein Ansatz im Rahmen kalkulatorischer Wagnisse infrage. Diese lassen sich in die folgenden Arten gliedern:

Tab. 2.1: Arten und Ursachen ausgewählter Einzelwagnisse

Wagnisart	Wagnisursache	Mögliche Bezugsgröße
Anlagenwagnis	Technische Störungen, Verluste durch Maschinenausfälle, Unfälle, Katastrophen usw.	Wert des Anlagevermögens zu Anschaffungskosten oder zum Buchwert
Beständewagnis	Lagerverluste beim Vorratsvermögen durch Schwund, Verderb, Diebstahl, Veralten	Durchschnittlicher Wert des Lagerbestandes
Fertigungswagnis	Material- oder Konstruktionsfehler, Ausschuss	Fertigungskosten
Gewährleistungswagnis	Inanspruchnahme von Kunden aufgrund von Garantieverpflichtungen	Höhe des Umsatzes von Erzeugnissen mit Garantieverpflichtungen
Vertriebswagnis	Forderungsausfälle	Umsatz oder durchschnittlicher Forderungsbestand
Fremdwährungswagnis	Währungsverluste	Umsatz
Arbeitswagnis	Krankheitsbedingte Fehlzeiten mit Lohnfortzahlung	Höhe der Lohnkosten
Entwicklungswagnis	Kosten durch fehlgeschlagene Forschungs- und Entwicklungsarbeiten	Höhe der Entwicklungskosten

Werden einzelne Risiken versichert, erfolgt der Wertansatz in Höhe der Fremdversicherungsprämien. In diesen Fällen entsprechen sich Aufwendungen und Kosten (Grundkosten gleich Zweckaufwand).

Werden einzelne Risiken nicht versichert oder sind diese nicht versicherbar, gehen mögliche Wertverluste zulasten des Unternehmens. Der Ansatz von kalkulatorischen Wagnissen entspricht folglich einer Eigenversicherung, wobei sich bei langfristiger Betrachtung tatsächliche Verluste und kalkulatorische Wagniskosten ausgleichen.

Aufgrund von Entwicklungen aus der Vergangenheit wird zunächst ein so genannter **Wagnissatz** berechnet. Den Wagnissatz bildet die durchschnittliche Relation aus Wagnisverlusten der vergangenen Perioden und einer Bezugsgröße, die möglichst verursachungsgerecht in Bezug auf die Wagnisverluste ist. Der Betrachtungszeitraum sollte mindestens fünf, in Einzelfällen zehn Jahre umfassen.

Beispiel: In einem Betrieb betrug der Verlust an Vorräten u.a. durch Schwund und Verderb in den letzten fünf abgelaufenen Geschäftsjahren durchschnittlich 90.000 € p.a. Der durchschnittliche Lagerbestand betrug 4,5 Mio. € im gleichen Zeitraum:
Kalkulatorischer Beständewagnissatz: 90.000 € / 4.500.000 € = 0,02 = 2 %
Sollen die Wagniskosten des Lagerbestandes der aktuellen Periode bestimmt werden, so ist der Beständewagnissatz mit dem durchschnittlichen Lagerbestand (5,5 Mio. €) der aktuellen Periode zu multiplizieren:
5.500.000 € · 2 % = 110.000 €

Werden in der Finanzbuchhaltung niedrigere Werte angesetzt, so stellen die Wagniskosten Anderskosten dar. Fehlt ein entsprechender Ansatz in der Finanzbuchhaltung, so liegen Zusatzkosten vor.

Wagniskosten sind überwiegend variable Kosten. Beispielsweise steht das Beständewagnis in Beziehung mit den erzielten Umsatzerlösen und ist deshalb beschäftigungsabhängig. Aus wirtschaftlichen Gründen dürften die Wagniskosten allerdings überwiegend als Gemeinkosten erfasst und verrechnet werden.

2.1.7 Exkurs: Einteilung und Bewertung der Leistungsarten

Aus der Kostenartenrechnung ergibt sich als Pendant die **Leistungsartenrechnung**. Hinsichtlich der Abgrenzung der Leistungen müssen die gleichen Kriterien gelten wie für die Kosten, damit anschließend eine rechnerische Gegenüberstellung sinnvoll erscheint.

Zweifellos stellen die Umsatzerlöse die bedeutendste Leistung dar. Es handelt sich hierbei um eine aufwandsgleiche Grundleistung. Grundsätzlich gilt, dass zweck- und periodenfremde sowie wertunangemessene Erfolgsanteile von den Leistungen ausgesondert werden.

Ob ein Ertrag eine Leistung darstellt, ist also abhängig vom jeweiligen **Betriebszweck** (vgl. Wedell 2004, S. 53).

Beispiel: So sind **Zinserträge** einer Bank Zweckleistungen, während die Zinserträge eines Handelsbetriebes betriebszweckfremd sind. Allerdings bedeutet dies nicht, dass die Zinserträge eines Handelsbetriebes gänzlich aus der Kosten- und Leistungsrechnung auszuklammern sind, sondern dass sie im Hinblick auf den Auftrag »Waren einkaufen und verkaufen« zweckfremd sind. Der finanzielle Bereich des Handelsbetriebes kann aus kostenrechnerischer Sicht allerdings als ein separater Betrieb angesehen werden, dem dann die Zinserträge als Leistungen zuzuordnen sind.

Eine analoge Betrachtung gilt für **Mieterträge**, die bei Immobilienunternehmen eine Zweckleistung darstellen. Bei den meisten Unternehmen bilden Mieterträge allerdings nicht das Kerngeschäft ab. Insofern ist auch hier eine gesonderte Analyse eines speziellen Bereiches »Immobilienwirtschaft« notwendig, in dem die dort angefallenen Kosten und Leistungen gegenübergestellt werden.

Aus diesen Ausführungen folgt, dass eine Leistungsart zweckbezogen und zeitgenau dem jeweiligen Bezugsobjekt zuzuordnen ist.

Weitere Erträge entstehen im Betrieb durch die **Eigenleistungen**. Im bilanziellen Sinne sind hierunter selbst hergestellte aktivierte Gegenstände des abnutzbaren Sachanlagevermögens zu verstehen, wie z.B. selbst erstellte Maschinen oder Werkzeuge. Je nach Wertansatz stehen dem in der Kosten- und Leistungsrechnung Grundleistungen bzw. Andersleistungen gegenüber.

Die hergestellten und noch nicht verkauften Produkte führen zu **Bestandserhöhungen**. Nach dem Handelsrecht existieren für diese Wahlmöglichkeiten beim Wertansatz zwischen Vollkosten (minus Vertriebskosten) und Teilkosten.

Die Bestimmung des Wertansatzes von Bestandsveränderungen unterliegt bilanztaktischen Erwägungen. Aus Sicht der Kosten- und Leistungsrechnung sind jedoch nur die Wertanteile zu berücksichtigen, die in den hervorgebrachten Leistungen tatsächlich entstehen.

Insofern sind Bestandserhöhungen an fertigen und unfertigen Erzeugnissen in der Betriebsbuchhaltung (Kosten- und Leistungsrechnung) maximal mit Herstellkosten zu bewerten. Im Falle von Abweichungen zu den bilanziellen Werten liegen hier Andersleistungen vor. Im Falle übereinstimmender Werte handelt es sich um Grundleistungen.

Darüber hinaus entstehen im Betrieb Leistungen, die in der Finanzbuchhaltung nicht angesetzt werden dürfen. Gemeint ist der unentgeltliche Erwerb sowie die Erstellung von immateriellem Anlagevermögen, wobei für diese Vorgänge handels- und steuerrechtlich ein Aktivierungsverbot besteht. Somit können auch keine bilanziellen Erträge verbucht werden.

Im kalkulatorischen Sinne stellen diese Vorgänge in der Regel aber Leistungen dar, sofern der Wertzuwachs betriebsbezogen und periodengerecht ist. Eine solche **Zusatzleistung** besteht beispielweise in selbst erstellten EDV-Programmen für die Verwaltung. Zusatzleistungen stellen also Wertzuwächse dar, für die rechtlich Aktivierungsverbote bestehen.

Die **Wertansätze** für Leistungen ergeben sich grundsätzlich aus **analogen** Überlegungen für die **Kostenbewertung**:
- Grundleistungen werden in der Regel zu realisierten Marktpreisen (Tageswerte des Verkaufstages) angesetzt.
- Für Bestandserhöhungen ist der Ansatz mit anteiligen Herstellungskosten üblich.
- Wertansätze für Zusatzleistungen können anteilige Herstellungskosten, geschätzte Verkaufspreise oder geschätzte Anschaffungspreise sein. Im Hinblick auf geschätzte Verkaufspreise ist allerdings anzumerken, dass diese noch nicht realisierte Gewinne enthalten.

Um Schwankungen im Wertansatz zu vermeiden, können Leistungen alternativ auch mit festen Verrechnungspreisen angesetzt werden.

2.2 Kostenstellenrechnung

Im Rahmen der Kostenartenrechnung sind die angefallenen Kosten (und Leistungen) erfasst und nach Arten gegliedert worden. In einem weiteren Schritt sind die ermittelten Kostenarten denjenigen Betriebsbereichen zuzuordnen, in denen sie angefallen sind. Die Kostenstellenrechnung erfolgt in chronologischer Reihenfolge zwischen der Kostenartenrechnung und der Kostenträgerrechnung. Im Kern wird mittels der Kostenstellenrechnung die folgende Frage beantwortet:

! Wo sind die Kosten angefallen?

2.2.1 Aufgaben der Kostenstellenrechnung

Die Aufgabe der Kostenstellenrechnung besteht in der Verteilung der Kosten auf die Orte ihrer Entstehung. Sofern sich diesen Orten lediglich Kosten zuordnen lassen bzw. zugeordnet werden, handelt es sich um Kostenstellen. Lassen sich diesen Orten neben den Kosten auch Leistungen zuordnen, stellen diese Orte sog. Profit Center dar. Profit Center liefern einen eigenständigen und wahrnehmbaren Beitrag zum betrieblichen Gesamterfolg. Um den für das vorliegende Buch gesteckten Rahmen nicht zu sprengen, konzentrieren sich die weiteren Ausführungen auf die Kostenstellenrechnung. Aufgaben dieser sind:

- Darstellung der **Leistungsbeziehungen** zwischen Betriebseinheiten (Kostenstellen),
- Kontrolle der **Wirtschaftlichkeit** von Betriebseinheiten, da an dieser Stelle die Kosten zu verantworten und zu beeinflussen sind,
- Grundlage für die Ermittlung von **Zuschlags- und Verrechnungssätzen**, die zu kalkulatorischen Zwecken benötigt werden,
- Ermittlung von **relevanten Kosten** aus den jeweiligen Betriebsbereichen zu Planungszwecken.

2.2.2 Einteilung des Betriebes in Kostenstellen

Wie oben stehend bereits ausgeführt, werden den Kostenstellen als Orten der Kostenentstehung die jeweiligen Kostenarten zugeordnet. Die Bildung von Kostenstellen unterliegt bestimmten Prinzipien:

- Die Kostenstelle soll einen eigenständigen Verantwortungsbereich darstellen. Die Kostenstellenrechnung übt gegenüber der Leitung der betreffenden Kostenstelle eine Kontrollfunktion aus.
- Die Kostenarten müssen sich den einzelnen Kostenstellen möglichst genau und einfach zuordnen lassen (exakte Zuordnung). Die Genauigkeit in der Kostenstellenrechnung erhöht gleichzeitig den Aussagewert der anschließenden Kalkulation.
- An jeder Kostenstelle müssen sich geeignete Outputgrößen finden lassen, die in möglichst engem Zusammenhang mit der Kostenverursachung stehen.
- Die Durchführung der Kostenstellenrechnung soll möglichst wirtschaftlich erfolgen.

! Bei der Bildung von Kostenstellen muss immer zwischen der Genauigkeit und der damit in Zusammenhang stehenden Wirtschaftlichkeit abgewogen werden.

Die Bildung von Kostenstellen kann nach unterschiedlichen Kriterien erfolgen. Als Abgrenzungskriterien eignen sich insbesondere:

- **Einteilung in betriebliche Funktionsbereiche**, bei der gleichartige Tätigkeiten zu Kostenstellen zusammengefasst werden. Eine gängige Untergliederung erfolgt in Materialstellen, Fertigungsstellen, Vertriebsstellen und Verwaltungsstellen. Darüber hinaus sind allgemeine Kostenstellen sowie Forschungs- und Entwicklungsstellen denkbar.
- **Einteilung nach Güterarten**, bei der Betriebsbereiche zu Kostenstellen zusammengefasst werden, die gleichartige Produkte oder Dienstleistungen hervorbringen. Voraussetzung bei dieser Untergliederung ist jedoch eine divisionale Organisationsstruktur.
- **Einteilung nach räumlichen Aspekten**, wonach die räumliche Nähe entscheidendes Kriterium zur Bildung von Kostenstellen ist. Im Falle verschiedener betrieblicher Standorte kann es sich um Werke oder Filialen handeln. Im Industriebetrieb können dies nahe beieinander liegende Fertigungsstellen sein.

Die betriebsindividuelle, systematische Bildung von Kostenstellen wird als Kostenstellenplan bezeichnet. Eine Untergliederung könnte z.B. folgendermaßen aussehen:

Abb. 2.6: Beispiel eines Kostenstellenplans

1	Materialkostenstellen (Beschaffung)	4	Verwaltungskostenstellen
11	Einkauf	41	Unternehmensleitung
111	Angebotsbearbeitung	411	Geschäftsleitung
112	Bestellwesen/Terminwesen	412	Pressestelle
113	Materialgruppen	42	Personalverwaltung
…		43	Finanz- und Rechnungswesen
12	Warenannahme und -prüfung	…	
121	Warenannahme		
122	Wareneingangskontrolle	5	Vertriebskostenstellen
123	Lagerrevision		
…		6	Kostenstellen des allgemeinen Bereichs
13	Materialverwaltung	61	Grundstücke und Gebäude
…		62	Energieversorgung
2	Fertigungskostenstellen	621	Wasserversorgung
…		622	Dampfversorgung
		…	
3	Forschungs- und Entwicklungskostenstellen	63	Transport

Nachdem die Kosten den jeweiligen Kostenstellen zugeordnet worden sind, können sie von dort auf verschiedene Arten weiterverrechnet werden. Als **Hauptkosten-**

stellen werden solche Kostenstellen bezeichnet, deren Kosten nicht auf andere Kostenstellen, sondern direkt auf die Kostenträger verrechnet werden. Demgegenüber sind **Hilfskostenstellen** alle Kostenstellen, deren Kosten nicht direkt auf die Kostenträger, sondern erst auf andere (Haupt- oder Hilfs-)Kostenstellen verteilt werden. Innerhalb der Hilfskostenstellen können allgemeine Hilfskostenstellen und besondere Hilfskostenstellen unterschieden werden:

- **Allgemeine Kostenstellen** erbringen Vorleistungen für mehrere Kostenstellen, im Extremfall für alle (z.B. Stromstelle).
- Dagegen unterstützen **besondere Hilfskostenstellen** nur eine Kostenstelle (z.B. Arbeitsvorbereitung).

2.2.3 Betriebsabrechnungsbogen (BAB) zur Durchführung der Kostenstellenrechnung

2.2.3.1 Aufgaben des BAB

Die Abrechnung der Kostenstellenrechnung erfolgt üblicherweise mithilfe des **Betriebsabrechnungsbogens** (BAB), wobei die Verrechnung in tabellarischer Form erfolgt. Der BAB erfasst die Kostenarten zeilenweise und die Kostenstellen spaltenweise. Die weitere Verarbeitung gibt die folgende Abbildung wieder:

Abb. 2.7: Formaler Aufbau eines BABs (Quelle: Haberstock 2008, S. 117)

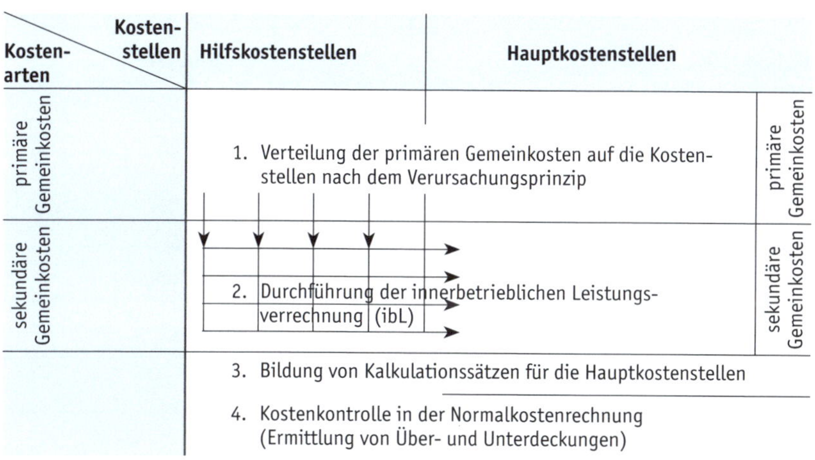

Im Betriebsabrechnungsbogen werden lediglich die Gemeinkosten verrechnet, während die Einzelkosten, welche einen direkten Bezug zum Kostenträger haben, um die Kostenstellen herumgeleitet werden. Die **Verrechnung der Gemeinkosten im BAB** erfolgt in mehreren Schritten und führt schließlich zur **Zuordnung von Gemeinkosten auf einige wenige Hauptkostenstellen**. Durch Gegenüberstellung mit den entsprechenden Einzelkosten lassen sich dann Zuschlagssätze bilden, die für Kalkulationszwecke im Rahmen der Kostenträgerrechnung benötigt werden.

2.2.3.2 Verteilung der primären Gemeinkosten

Die **primären Gemeinkosten** werden zunächst Kostenart für Kostenart im BAB erfasst. Anschließend erfolgt eine zeilenweise Aufteilung auf die Kostenstellen, die möglichst verursachungsgerecht erfolgen soll.

Die Verteilung der primären Gemeinkosten auf die Kostenstellen erfolgt auf zwei Weisen:

- Im Rahmen der **direkten Verteilung** können die Gemeinkosten aufgrund von Belegen eindeutig einer Kostenstelle zugeordnet werden. Es handelt sich hierbei um **Kostenstelleneinzelkosten**. Beispielhaft lassen sich Fremdreparaturkosten (Rechnungen) sowie Fertigungshilfslöhne (Stempelkarten) nennen.
- Bei der **indirekten Verteilung** ist aus den Kostenartenbelegen nicht ersichtlich, in welcher Höhe die Kostenart auf die jeweiligen Kostenstellen zu verteilen ist. Eine Verteilung erfolgt über Umlageschlüssel. Beispiele für solche **Kostenstellengemeinkosten** sind:

Tab. 2.2: Kostenstellengemeinkosten und Verteilungsgrundlagen

Kostenart	Verteilungsgrundlage
Gehälter	Gehaltsliste
Hilfslöhne	Stempelkarten
Miete	Fläche in qm
Telefonkosten	Zahl der Telefonanschlüsse
Betriebsstoffe	Entnahmescheine
Fremdreparaturen	Rechnungen
Eigenreparaturen	Reparaturstunden
Kraftstrom	Kilowattstunden laut Zähler
Lichtstrom	Zahl der Lichtquellen
Kalk. Abschreibungen	Anlagenwerte
Kalk. Zinsen	Vermögenswerte
Kalk. Unternehmerlohn	Schätzung

Die Verteilung der Gemeinkosten auf die Kostenstellen erfolgt anschließend im BAB nach den vorgegebenen Verteilungsgrundlagen. Gemeinkosten für Hilfsstoffe, Betriebsstoffe, Gehälter und Kraftstrom können aufgrund von vorliegenden Belegen bzw. wegen vorgenommener Messungen direkt auf die Kostenstellen verrechnet werden. Andere Gemeinkosten wie Lichtstrom, Telefonkosten und kalkulatorischer Unternehmerlohn werden eben indirekt über Schlüssel verteilt, da der Ort der Kostenverursachung nicht eindeutig zu identifizieren ist.

Tab. 2.3: Verteilung der primären Gemeinkosten im BAB

Kostenarten \ Kostenstellen	Betrag insgesamt	Fuhrpark	Reparatur	Material	Fertigung	Verwaltung	Vertrieb
Gehälter	800.000	25.000	35.000	120.000	200.000	300.000	120.000
Hilfslöhne	460.000	30.000	60.000	150.000	220.000	–	–
Miete	360.000	40.000	50.000	70.000	90.000	80.000	30.000
Betriebsstoffe	80.000	3.000	4.000	32.000	41.000	–	–
Kalk. Abschreibungen	130.000	13.000	18.000	31.000	22.000	25.000	21.000
Kalk. Zinsen	170.000	23.000	25.000	32.000	33.000	28.000	29.000
Kalk. Unternehmerlohn	120.000	–	–	30.000	30.000	30.000	30.000
Sonst. Betriebskosten	140.000	17.000	13.000	28.000	32.000	27.000	23.000
Summe der Gemeinkosten	2.260.000	151.000	205.000	493.000	668.000	490.000	253.000

2.2.3.3 Innerbetriebliche Leistungsverrechnung

Die innerbetriebliche Leistungsverrechnung resultiert aus der Tatsache, dass der Betrieb nicht nur Leistungen für den Absatzmarkt erstellt, sondern auch solche, die er selbst in Anspruch nimmt. Diese Leistungen werden als **innerbetriebliche Leistungen** (**Eigenleistungen**) bezeichnet.

Innerbetriebliche Leistungen werden auf zwei Arten weiterverrechnet:

- Die innerbetrieblichen Leistungen sind **aktivierbar**, das bedeutet von mehrjähriger Nutzungsdauer. Hierzu zählen Gebäude, Maschinen und Werkzeuge. Diese aktivierbaren Leistungen werden in Abgrenzung zu den kostenrechnerischen Herstellkosten zu handelsrechtlichen Herstellungskosten bewertet und in die Bilanz übernommen. Dieser Fall ist vergleichsweise unkompliziert.
- Die innerbetrieblichen Leistungen sind **nicht aktivierbar**, d.h., sie werden innerhalb der Abrechnungsperiode wieder verbraucht. Zu diesen **unmittelbar verbrauchten Leistungen**, die auch als innerbetriebliche Leistungen i.e.S. bezeichnet werden, zählen etwa soziale Leistungen, Heizung und Beleuchtung. Bei **innerbetrieblichen Leistungen i.e.S.** erfolgt eine **sofortige Verrechnung** zwischen den leistenden (Hilfskostenstellen) und den empfangenden Stellen (Hauptkostenstellen), die Leistungen werden innerbetrieblich verrechnet. So werden primäre Gemeinkosten der Hilfskostenstellen zu sekundären Gemeinkosten der Hauptkostenstellen.

Innerbetriebliche **Leistungsbeziehungen** können in den nachstehenden Konstellationen vorkommen:

1. **Einseitige, einstufige Leistungsabgabe**: Eine Kostenstelle erbringt Leistungen für eine Kostenstelle (z.B. Arbeitsvorbereitung an Fertigungsstelle) oder an mehrere Kostenstellen (z.B. Kantine an sechs Fertigungsstellen).

2. **Einseitige, mehrstufige Leistungsabgabe**: Die innerbetriebliche Leistungsabgabe erfolgt weiterhin in einer Richtung, wird jedoch stufenweise auf die empfangenden Kostenstellen aufgeteilt (z.B. Hilfskostenstelle erbringt Vorleistungen für andere Hilfskostenstellen).
3. **Gegenseitige Leistungsabgabe**: Zwischen zwei oder mehreren Kostenstellen bestehen wechselseitige Leistungsbeziehungen. Für wechselseitige Leistungsbeziehungen zwischen zwei Kostenstellen ist charakteristisch, dass eine Kostenstelle Leistungen an eine andere Kostenstelle abgibt und von dieser wiederum Leistungen empfängt.

Zu 1.: Im Falle einer **einseitigen, einstufigen Leistungsabgabe** ist die innerbetriebliche Leistungsverrechnung vergleichsweise einfach. Die Durchführung erfolgt, indem die anteiligen Kosten der abgebenden Kostenstelle der Kostenstelle belastet werden, die diese Leistungen empfängt.

Zu 2.: Bei der **einseitigen, mehrstufigen Leistungsverrechnung** ist die Festlegung der Reihenfolge der zu verrechnenden Kostenstellen von besonderer Wichtigkeit.

! In der Regel sollte die Kostenstelle, die am wenigsten Leistungen von den anderen Kostenstellen erhält, am Beginn der Verrechnung stehen und am Schluss die Kostenstelle, welche die meisten Leistungen von anderen Kostenstellen erhält.

Abb. 2.8: Schema der einseitigen, mehrstufigen Leistungsverrechnung

Kostenstelle A	Kostenstelle B	Kostenstelle C	Kostenstelle D
xxx	xxx	xxx	xxx
xxx	xxx	xxx	xxx
xxx	xxx	xxx	xxx
xxx →	xxx →	xxx →	xxx
	xxx →	xxx →	xxx
		xxx →	xxx

Die **Verteilung der Gemeinkosten** auf die empfangenden Kostenstellen kann erfolgen:

- anhand der **beanspruchten Leistungseinheiten**, die mit den Kosten pro Einheit bewertet werden,
- mithilfe der **Äquivalenzziffern** bei fertigungstechnisch verwandten Produkten,
- mit **festen Verteilungsschlüsseln**, wenn sich die abgegebenen Leistungen nicht direkt zuordnen lassen.

Die einseitige, mehrstufige Leistungsverrechnung ist in Form des **Anbauverfahrens** oder des **Stufenleiterverfahrens** durchführbar.

Zu 3.: Liegen **gegenseitige Leistungsabgaben** zwischen den Kostenstellen vor, so eignet sich das **Gleichungsverfahren**.

Nachstehend werden das Anbauverfahren, das Stufenleiterverfahren und das Gleichungsverfahren weiter vertieft.

Das **Anbauverfahren** sollte dann zur Anwendung kommen, wenn zwischen den Hilfskostenstellen keine oder nur geringe Leistungsbeziehungen vorkommen. Folglich unterbleibt eine Abrechnung zwischen Hilfskostenstellen; alle Hilfskostenstellen werden unmittelbar über die Hauptkostenstellen verrechnet.

Abb. 2.9: Schema des Anbauverfahrens

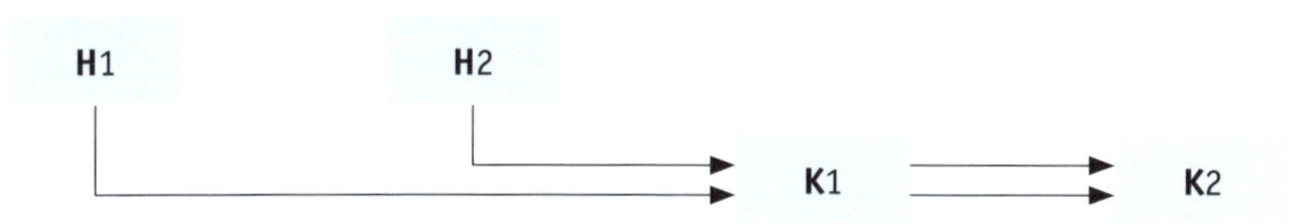

(mit: H1, H2 = Hilfskostenstellen und K1, K2 = Hauptkostenstellen)

Bei der Ermittlung der Verrechnungskosten werden ggf. an andere Hilfskostenstellen abgegebene Leistungen ignoriert.

$$\text{Innerbetrieblicher Verrechnungssatz} = \frac{\text{Summe der Gemeinkosten der Hilfskostenstelle}}{\text{Summe der an Hauptkostenstellen abgegebenen Leistungen}}$$

Die Umlage auf die Hauptkostenstellen erfolgt nach deren Anteil der Leistungsinanspruchnahme.

Beispiel:

In einem Betrieb sollen die Gemeinkosten nach dem Anbauverfahren verteilt werden. Es existieren die Hilfskostenstellen Fuhrpark und Reparatur sowie die Hauptkostenstellen Material, Fertigung, Verwaltung und Vertrieb. Die primären Gemeinkosten verteilen sich wie folgt:

Kostenstelle	Hilfskostenstellen		Hauptkostenstellen			
	Fuhrpark	Reparatur	Material	Fertigung	Verwaltung	Vertrieb
Primäre GK	20.000	27.000	50.000	80.000	20.000	15.000

Zwischen den Kostenstellen sind folgende Leistungsabgaben angefallen:

Leistungsabgabe	Empfangende Kostenstelle					
	Fuhrpark	Reparatur	Material	Fertigung	Verwaltung	Vertrieb
Fuhrpark (10.000 gef. Kilometer)		2.000	3.000	2.500	1.000	1.500
Reparatur (2.000 geleistete Stunden)	200		500	1.000	100	200

Die jeweiligen Verrechnungssätze beziehen sich auf die an die Hauptkostenstellen abgegebenen Leistungseinheiten:

- Verrechnungssatz Fuhrpark: 20.000 € / 8.000 km = 2,5 €/km
- Verrechnungssatz Reparatur: 27.000 € / 1.800 h = 15 €/h

Da die Materialkostenstelle 3.000 Fahrkilometer von der Kostenstelle Fuhrpark empfangen hat, wird sie mit 7.500 € an sekundären Gemeinkosten belastet. Weitere 7.500 € werden der Materialkostenstelle zugeordnet, weil sie von der Reparaturkostenstelle 500 geleistete Stunden empfangen hat. Gemäß der Inanspruchnahme von Leistungen der beiden Hilfskostenstellen werden auch die weiteren Hauptkostenstellen mit sekundären Gemeinkosten nach dem Anbauverfahren belastet:

Kostenstelle	Fuhrpark	Reparatur	Material	Fertigung	Verwaltung	Vertrieb
Primäre GK	20.000	27.000	50.000	80.000	20.000	15.000
Sekundäre GK			► 7.500	6.250	2.500	3.750
			► 7.500	15.000	1.500	3.000
Summe GK	–	–	65.000	101.250	24.000	21.750

Anhand des Beispiels wird deutlich:

! Der grundsätzliche Zweck der innerbetrieblichen Leistungsverrechnung besteht in der vollständigen Umlage aller Gemeinkosten der Hilfskostenstellen auf Hauptkostenstellen.

Dabei ist das **Anbauverfahren** jedoch nur ein grobes **Näherungsverfahren**, da es den innerbetrieblichen Leistungsverkehr zwischen den Hilfskostenstellen vernachlässigt. Das Anbauverfahren führt dazu, dass Hilfskostenstellen, die wertmäßig mehr (weniger) von anderen Hilfskostenstellen empfangen, als sie abgeben, einen zu niedrigen (hohen) Verrechnungssatz zugeordnet bekommen.

Diese **Abweichungen führen letztlich zu Verzerrungen in der Kalkulation**, da den Hauptkostenstellen nicht die verursachungsgerechten Kosten zugeordnet werden und deshalb die jeweiligen Gemeinkostenzuschlagssätze ungenau sind. Für Produkte, die in starkem Maße Hauptkostenstellen beanspruchen, deren Gemeinkosten unterbewertet sind, werden letztlich zu geringe Selbstkosten ermittelt und umgekehrt.

Das **Stufenleitersystem** kann diesen Nachteil zum Teil ausgleichen. Es erfolgt eine einseitige Leistungsverrechnung von einer Hilfskostenstelle auf andere Kostenstellen. Dabei wird die Reihenfolge der Verrechnung so gewählt, dass **vorgelagerte Hilfskostenstellen wertmäßig relativ geringe Leistungen** empfangen im Vergleich zu nachgelagerten Hilfskostenstellen. Durch diese Maßnahme soll der Verrechnungsfehler möglichst klein gehalten werden, der dann eintritt, wenn zwischen den Hilfskostenstellen in der Realität gegenseitige Leistungsverflechtungen bestehen.

Abb. 2.10: Schema des Stufenleiterverfahrens

H1 → H2 → K1 → K2

H2 → K1 → K2

(mit: H1, H2 = Hilfskostenstellen und K1, K2 = Hauptkostenstellen)

Der Verrechnungssatz pro Leistungseinheit einer abgebenden Hilfskostenstelle wird wie folgt ermittelt:

$$\text{Innerbetrieblicher Verrechnungssatz} = \frac{\text{primäre Gemeinkosten der Hilfskostenstelle + sekundäre Gemeinkosten aus vorgelagerten Hilfskostenstellen}}{\text{Summe der an nachgelagerte Kostenstellen abgegebenen Leistungseinheiten}}$$

Der Betrag im Nenner wird ermittelt, indem von der Gesamtleistung der Hilfskostenstelle die unentgeltlich abgegebenen Leistungen an vorgelagerte Hilfskostenstellen und ein eventueller Eigenverbrauch subtrahiert werden.

Beispiel: Es gelten die Ausgangsdaten des vorangegangenen Beispiels:

Kostenstelle	Hilfskostenstellen		Hauptkostenstellen			
	Fuhrpark	Reparatur	Material	Fertigung	Verwaltung	Vertrieb
Primäre GK	20.000	27.000	50.000	80.000	20.000	15.000

Zwischen den Kostenstellen sind folgende Leistungsabgaben angefallen:

Leistungsabgabe	Empfangende Kostenstelle					
	Fuhrpark	Reparatur	Material	Fertigung	Verwaltung	Vertrieb
Fuhrpark (10.000 gef. Kilometer)		2.000	3.000	2.500	1.000	1.500
Reparatur (2.000 geleistete Stunden)	200		500	1.000	100	200

Zuerst wird der Verrechungssatz für eine abgegebene Leistungseinheit der Kostenstelle Fuhrpark ermittelt. Da die Umlage auf alle anderen Kostenstellen (inkl. der Reparaturkostenstelle) vorgenommen wird, erfolgt die Berechnung auf Basis aller abgegebenen Kilometer:

Verrechnungssatz Fuhrpark: 20.000 € / 10.000 km = 2,0 €/km

Die Reparaturstelle wird mit sekundären Gemeinkosten in Höhe von 2,0 €/km · 2.000 km = 4.000 € belastet. Dadurch erhöhen sich die Gesamtkosten der Reparaturstelle, sodass sich folgender Verrechnungssatz bildet:

Verrechnungssatz Reparatur: (27.000 € + 4.000 €) / 1.800 h ≈ 17,22 €/h

Die komplette Verrechnung nach dem Stufenleiterverfahren gestaltet sich wie folgt:

Kostenstelle	Fuhrpark	Reparatur	Material	Fertigung	Verwaltung	Vertrieb
Primäre GK	20.000	27.000	50.000	80.000	20.000	15.000
Sekundäre GK	→	4.000	6.000	5.000	2.000	3.000
		31.000 →	8.611,11	17.222,22	1.722,22	3.444,45
Summe GK	–	–	64.611,11	102.222,22	23.722,22	21.444,45

Keine Berücksichtigung findet die Tatsache, dass die Reparaturkostenstelle auch Leistungen an die Kostenstelle Fuhrpark abgegeben hat.

Das **Stufenleiterverfahren** berücksichtigt lediglich **Leistungsabgaben in eine Richtung**. Deshalb führt es im Falle gegenseitiger Leistungsbeziehungen zwischen Hilfskostenstellen nicht zu theoretisch richtigen Verrechnungssätzen, sondern lediglich zu **Näherungslösungen**. Die Qualität der Berechnungen kann durch eine geschickte Anordnung der Hilfskostenstellen gesteigert werden, sodass die vorgelagerten Hilfskostenstellen möglichst wenig Leistungen von nachgelagerten Stellen empfangen.

Das **Gleichungsverfahren** (auch Simultanverfahren oder mathematisches Verfahren genannt) **führt zu korrekten Verrechnungssätzen** bei gegenseitigen Leistungsbeziehungen. Bei manueller Durchführung erweist es sich als aufwendig; dieses Argument tritt jedoch beim Gebrauch eines Tabellenkalkulationsprogramms in den Hintergrund.

Der gesuchte Verrechnungssatz jeder Hilfskostenstelle geht als Variable in jeweils eine **lineare Gleichung** ein. Insgesamt ergibt sich somit ein **Gleichungssystem**, dessen Gleichungsanzahl mit der Anzahl der Hilfskostenstellen übereinstimmt. Allgemein kann der Verrechnungssatz für eine beliebige Hilfskostenstelle i so bestimmt werden:

$$\text{Gemeinkosten der Hilfskostenstelle (HK) i} = \text{primäre Kosten der HK i} + \text{sekundäre Kosten der HK i}$$

Bei der innerbetrieblichen Leistungsverrechnung sollen die abgegebenen Leistungen lediglich mit ihren Kosten bewertet werden, d.h., es soll **keine Gewinnerzielung** zwischen den Hilfskostenstellen realisiert werden. Dann gilt für jede Hilfskostenstelle i:

$$\text{Gemeinkosten der Kostenstelle i} = \text{Menge der von HK i produzierten Leistungseinheiten} \cdot \text{Verrechnungssatz der Kostenstelle i}$$

Daraus folgt:

$$\text{Verrechnungssatz der HK i} = \frac{\text{primäre Kosten der HK i} + \text{sekundäre Kosten der HK i}}{\text{Menge der von der HK i produzierten Leistungseinheiten}}$$

oder durch Umstellung:

$$\text{Verrechnungssatz der HK i} \cdot \text{Menge der von der HK i produzierten Leistungseinheiten} = \text{primäre Kosten der HK i} + \text{sekundäre Kosten der HK i}$$

Die Summe der primären und sekundären Kosten (Gesamtkosten) einer Hilfskostenstelle muss also den mit Verrechnungssätzen bewerteten insgesamt abgegebenen Leistungen der Hilfskostenstelle entsprechen. Gemäß der Anzahl der zu verrechnenden Hilfskostenstellen wird eine entsprechende Anzahl linearer Gleichungen aufgestellt.

Danach werden die spezifischen Verrechnungssätze je Hilfskostenstelle bestimmt. Abschließend werden die Leistungen der **Hilfskostenstellen** auf die **Hauptkostenstellen** nach dem Ausmaß ihrer Inanspruchnahme weiterverrechnet.

Beispiel:

Es gelten die Ausgangsdaten des vorangegangenen Beispiels:

Kostenstelle	Hilfskostenstellen		Hauptkostenstellen			
	Fuhrpark	Reparatur	Material	Fertigung	Verwaltung	Vertrieb
Primäre GK	20.000	27.000	50.000	80.000	20.000	15.000

Zwischen den Kostenstellen sind folgende Leistungsabgaben angefallen:

Leistungsabgabe	Empfangende Kostenstelle					
	Fuhrpark	Reparatur	Material	Fertigung	Verwaltung	Vertrieb
Fuhrpark (10.000 gef. Kilometer)		2.000	3.000	2.500	1.000	1.500
Reparatur (2.000 geleistete Stunden)	200		500	1.000	100	200

1. Schritt: Bildung von innerbetrieblichen Verrechnungssätzen für die Hilfskostenstellen:

- Fuhrpark: $20.000\ € + 200 \cdot p2 = 10.000 \cdot p1$
- Reparatur: $27.000\ € + 2.000 \cdot p1 = 2.000 \cdot p2$

Durch Umformung der Gleichungen ergibt sich:

$$20.000\ € = 10.000 \cdot p1 - 200 \cdot p2$$
$$27.000\ € = -\,2.000 \cdot p1 + 2.000 \cdot p2$$

Die erste Gleichung wird nun mit 10 multipliziert und anschließend beide Gleichungen addiert:

$$\begin{array}{rl} & 200.000\ € = 100.000 \cdot p1 - 2.000 \cdot p2 \\ + & 27.000\ € = -\,2.000 \cdot p1 + 2.000 \cdot p2 \\ \hline & 227.000\ € = 98.000 \cdot p1 \end{array}$$

$\Rightarrow$ **p1 ≈ 2,32 €/km** und **p2 ≈ 15,82 €/h**

Ein geleisteter Kilometer kostet somit 2,32 € und eine geleistete Reparaturstunde wird mit 15,82 € berechnet.

2. Schritt: Umlage der sekundären Gemeinkosten auf die Hauptkostenstellen mithilfe der Verrechnungssätze (die Verrechnungssätze wurden mit allen Nachkommastellen kalkuliert):

Kostenstelle	Fuhrpark	Reparatur	Material	Fertigung	Verwaltung	Vertrieb
Primäre GK	20.000	27.000	50.000	80.000	20.000	15.000
Sekundäre GK			6.948,98	5.790,81	2.316,33	3.474,49
			7.908,16	15.816,33	1.581,63	3.163,27
Summe GK	-	-	64.857,14	101.607,14	23.897,96	21.637,76

Insgesamt ermittelt das Gleichungsverfahren die **mathematisch richtigen Verrechnungssätze**. Allerdings ist zu berücksichtigen, dass die empfangenden Hauptkostenstellen auch mit Unwirtschaftlichkeiten und Beschäftigungsschwankungen belastet werden, die sie nicht zu verantworten haben. Für die unterjährige Berechnung sind deshalb **feste Verrechnungspreise** sinnvoll (Normal- oder Planverrechnungssätze), um die innerbetrieblichen Leistungen zu bewerten. Mithilfe dieser festen Verrechnungspreise ist auch eine **Kostenkontrolle** der Hilfskostenstellen **möglich**. Für die jährliche Ermittlung der festen Verrechnungssätze ist allerdings das Gleichungsverfahren sehr gut geeignet (vgl. Haberstock 2008, S. 129).

2.2.3.4 Berechnung der Zuschlagssätze im BAB

Im Rahmen der innerbetrieblichen Leistungsverrechnung sind alle Gemeinkosten auf die Hauptkostenstellen umgelegt worden. Nachfolgend werden im BAB die **Kalkulationssätze** bestimmt, die folgenden Zwecken dienen:

- **Weiterverrechnung** der Gemeinkosten auf die Kostenträger,
- **Kontrolle der Wirtschaftlichkeit** der Kostenstellen, indem den ermittelten Ist-Zuschlagssätzen eine Vergleichsgröße, in der Regel Normal-Zuschlagssätze, gegenübergestellt werden.

Generell wird der **Kalkulationssatz je Kostenstelle** wie folgt bestimmt:

$$\text{Kalkulationssatz der Hauptkostenstelle Kj} = \frac{\text{Gemeinkosten von Kj}}{\text{Bezugsgröße von Kj}}$$

Als **Bezugsgrößen** kommen **Wertgrößen** (z.B. Materialeinzelkosten oder Fertigungseinzelkosten) oder **Mengengrößen** (z.B. Maschinenstunden) in Betracht. Möglicherweise werden pro Hauptkostenstelle sogar mehrere Bezugsgrößen angesetzt. Diese Maßnahme ist insbesondere dann sinnvoll, wenn nicht alle Gemeinkosten proportional zu einer Bezugsgröße verlaufen. Beispielsweise können bei Fertigungsstellen Teile der Gemeinkosten in stärkerem Zusammenhang mit den benötigten Maschinenstunden stehen, während ein anderer Teil einen größeren Bezug zu den geleisteten Arbeitsstunden aufweist.

Für Unternehmen aus dem industriellen Sektor haben sich bestimmte **wertmäßige Bezugsgrößen** als typisch für die jeweiligen Hauptkostenstellen herauskristallisiert:

- Als Bezugsgröße im Materialbereich werden meistens die **Materialeinzelkosten** angesetzt.
- Im Fertigungsbereich besteht die Bezugsgröße aus den **Fertigungseinzelkosten**. Diese Größe besteht bei lohnintensiven Betrieben aus den **Fertigungslöhnen** sowie bei stark automatisierten Unternehmen aus den **Maschinenstunden**. Auch eine kombinierte Berechnung mit beiden Bezugsgrößen ist denkbar.
- Aus den **Verwaltungs- und Vertriebsgemeinkosten** wird ein Zuschlagssatz gebildet, der **auf Basis der Herstellkosten**, bestehend aus der Summe aller Material- und Fertigungskosten, gebildet wird. Üblicherweise fallen in den Verwaltungs- und Vertriebsbereichen kaum Einzelkosten an, sodass eine geeignete Bezugsgröße aus diesen Bereichen entfällt. Sofern in diesen Bereichen dennoch Kosten mit engem Bezug zu den abgesetzten Produkten anfallen, werden diese Größen üblicherweise als Sondereinzelkosten erfasst.

Im Einzelfall können bestimmte Hauptkostenstellen in **mehrere Kostenplätze zerlegt** werden, um die **Zuschlagssätze differenzierter** ermitteln zu können. Beispielsweise kann die Hauptkostenstelle Fertigung aus den Kostenplätzen Dreherei, Fräserei und Schweißerei bestehen. Den Einzelkosten der drei Kostenplätze werden dann die jeweiligen Gemeinkosten zugeordnet.

! Insofern stellt die Platzkostenrechnung eine Verfeinerung der Kostenstellenrechnung dar.

In der Tabelle unten finden Sie eine beispielhafte Kostenstellenrechnung mittels BAB zur Ermittlung von Zuschlagssätzen.

An der Ermittlung der Gemeinkostenzuschlagssätze mithilfe des BAB lassen sich nachstehende **Kritikpunkte** anbringen:

- Im BAB werden die Zuschlagssätze auf der Grundlage **unterschiedlicher Basisgrößen** gebildet. Beispielsweise bilden im Material- und Fertigungsbereich die jeweiligen Einzelkosten die Basis, während die Zuschlagssätze für Verwaltung und für Vertrieb auf der Grundlage der Herstellkosten entstehen.
- Der jeweils ermittelte Gemeinkostenzuschlagssatz ist lediglich für einen **spezifischen Beschäftigungsgrad** gültig. Bei Veränderungen des Beschäftigungsgrades ändern sich folglich auch die Gemeinkostenzuschlagssätze.
- Im BAB wird eine **Proportionalität** von Einzelkosten und Gemeinkosten **unterstellt**. Dieses Verhältnis ist jedoch umso weniger gegeben, je größer der Anteil der Fixkosten an den Gemeinkosten ist.

Tab. 2.4: Beispiel einer Kostenstellenrechnung mittels BAB zur Ermittlung von Zuschlagssätzen

Kostenstellen / Kostenarten	Betrag insgesamt	Fuhrpark	Reparatur	Material	Fertigung	Verwaltung	Vertrieb
Gehälter	800.000	25.000	35.000	120.000	200.000	300.000	120.000
Hilfslöhne	460.000	30.000	60.000	150.000	220.000	–	–
Miete	360.000	40.000	50.000	70.000	90.000	80.000	30.000
Betriebsstoffe	80.000	3.000	4.000	32.000	41.000	–	–
Kalk. Abschreibungen	130.000	13.000	18.000	31.000	22.000	25.000	21.000
Kalk. Zinsen	170.000	23.000	25.000	32.000	33.000	28.000	29.000
Kalk. Unternehmerlohn	120.000	–	–	30.000	30.000	30.000	30.000
Sonst. Betriebskosten	140.000	17.000	13.000	28.000	32.000	27.000	23.000
Summe	**2.260.000**	**151.000**	**205.000**	**493.000**	**668.000**	**490.000**	**253.000**
Umlage Fuhrpark	–	–	1.000	30.000	10.000	10.000	100.000
Summe			**206.000**	**523.000**	**678.000**	**500.000**	**353.000**

Kostenstellen / **Kostenarten**	**Betrag insgesamt**	**Fuhrpark**	**Reparatur**	**Material**	**Fertigung**	**Verwaltung**	**Vertrieb**
Umlage Reparatur				83.000	107.000	5.000	11.000
Summe Gemeinkosten				**606.000**	**785.000**	**505.000**	**364.000**
Zuschlagsbasis:							
Fert.-Material				930.000			
Fertigungslöhne					1.250.000		
Herstellkosten						3.571.000	
Ist-Zuschläge				**65,16 %**	**62,8 %**	**24,33 %**	

Fortsetzung des Beispiels aus Tab. 2.4. zusätzlich mit Bestandsveränderungen:

Es gelten die Daten des vorangegangenen Beispiels aus Tabelle 2.4., jedoch sind zusätzlich Bestandserhöhungen an fertigen Erzeugnissen in Höhe von 271.000 € zu berücksichtigen. Während die Material- und Fertigungsgemeinkostenzuschlagssätze gleich bleiben, verändert sich in der Folge der Verwaltungs- und Vertriebsgemeinkostenzuschlagssatz.

Die Herstellkosten der Produktion sind der Tabelle 2.4. zu entnehmen, sie betragen 3.571.000 €. Um zu den Herstellkosten des Vertriebs zu gelangen, ist der Wert der Bestandserhöhungen an fertigen Erzeugnissen davon zu subtrahieren.

Herstellkosten des Vertriebs = Herstellkosten der Produktion – Bestandserhöhungen

Herstellkosten des Vertriebs = 3.571.000 € – 271.000 € = 3.300.000 €

Auf dieser Basis wird nun der neue Verwaltungs- und Vertriebsgemeinkostenzuschlagssatz ermittelt.

Verw.- und Vertr.-Gemeinkostenzuschlagssatz = (505.000 € + 364.000 €) : 3.300.000 €
= 26,33 %

2.3 Kostenträgerrechnung

Die Kostenträgerrechnung bildet den Abschluss der Kosten- und Leistungsrechnung und soll die folgende Frage beantworten:

! Wofür sind die Kosten angefallen?

Die Kostenträgerrechnung übernimmt die Einzelkosten aus der Kostenartenrechnung und die Gemeinkosten aus der Kostenstellenrechnung. Durch Gegenüberstellung dieser Größen mit den Leistungen ist die Ermittlung des betrieblichen Erfolges möglich.

Abb. 2.11: Einflussgrößen der Kostenträgerrechnung

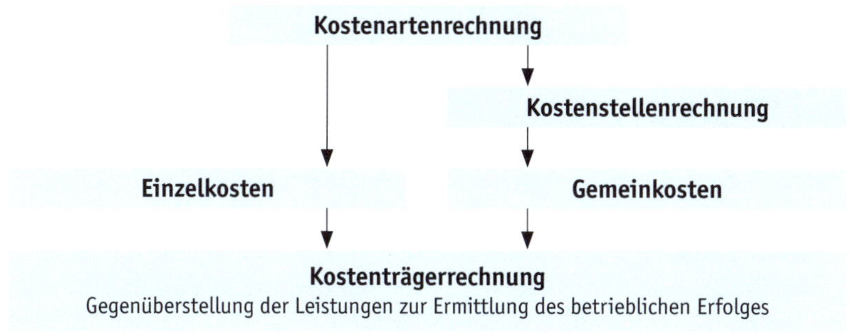

2.3.1 *Aufgaben der Kostenträgerrechnung*

Kostenträger sind **die Leistungen** des Betriebes, **durch deren Erstellung ein Wertverzehr entstanden ist**. Alle entstandenen Kosten einer Abrechnungsperiode werden letztlich auf die Kostenträger verrechnet.

Die Kostenträger unterscheiden sich nach der Art der Aufträge in Absatzleistungen und innerbetriebliche Leistungen.

Abb. 2.12: Systematisierung von Kostenträgern

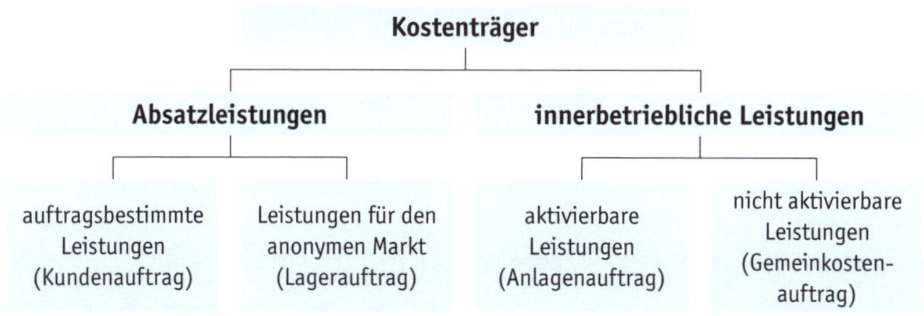

Als **Absatzleistungen** gelten Außenaufträge, bestehend aus:

- **Kundenaufträgen**, die zum Zeitpunkt der Fertigung bereits vorliegen. Dies ist beim Vorliegen von Einzel- und Kleinserienfertigung der Fall, wie z.B. in Werften oder im Anlagenbau.
- **Lageraufträgen**, die zur Auffüllung des Lagers bei Produktion für den anonymen Markt vorliegen. Dies ist bei Großserien- und Massenfertigung der Fall.

Innerbetriebliche Leistungen entstehen aufgrund von internen Aufträgen. Zu unterscheiden sind:

- **Aktivierbare Leistungen**, die über mehrere Abrechnungsperioden nutzbar sind (sog. Anlagenaufträge).
- **Nicht aktivierbare Leistungen**, wenn sie in der Abrechnungsperiode ihrer Erstellung wieder verbraucht werden (sog. Gemeinkostenaufträge). Sie werden im Rahmen der innerbetrieblichen Leistungsverrechnung weiterverarbeitet (vgl. 2.2.3.3).

Die **Aufgaben der Kostenträgerrechnung** sind:
- Ermittlung der stückbezogenen Herstell- und Selbstkosten,
- Ermittlung des zeitbezogenen betrieblichen Erfolges,
- Bereitstellung von Informationen für preispolitische Entscheidungen (Angebotspreise, Preisuntergrenzen),
- Bereitstellung von Informationen zur Bewertung von unfertigen und fertigen Erzeugnissen sowie selbst erstellten Anlagen in der Handelsbilanz,
- Bereitstellung von Informationen für beschaffungspolitische Entscheidungen, z.B. über Eigenfertigung oder Fremdbezug,
- Bereitstellung von Informationen für programmpolitische Entscheidungen, z.B. über die Eliminierung einzelner Produkte.

Die Aufgaben der Kostenträgerrechnung werden in Form der Kostenträgerstückrechnung bzw. der Kostenträgerzeitrechnung erfüllt:
- Die **Kostenträgerstückrechnung** ermittelt die **stückbezogenen Herstell- bzw. Selbstkosten einzelner betrieblicher Leistungen**. Sie wird auch als Kalkulation bezeichnet. Kostenträgerstückrechnungen können zu verschiedenen Zeitpunkten bzw. Anlässen stattfinden.
- Die **Kostenträgerzeitrechnung** ist **periodenbezogen** und stellt den **betrieblichen Kosten die Leistungen gegenüber**. Die Kostenträgerzeitrechnung kann in Form der kurzfristigen Erfolgsrechnung (Betriebsergebnisrechnung) durchgeführt werden. Darüber hinaus besteht die Möglichkeit der **Auswertung des Erfolges nach verschiedenen Kostenträgern**.

2.3.2 Kostenträgerstückrechnung

Wie bereits ausgeführt worden ist, stellen Kostenträger die spezifischen betrieblichen Leistungen dar. Alle weiteren Ausführungen beziehen sich auf **Kalkulationsverfahren von Industriebetrieben**. Allerdings lassen sich die vorgestellten Verfahren, zum Teil mit Modifikationen, auch auf Betriebe anderer Branchen übertragen.

Je nach zeitlichem Bezug kann die Kalkulation als **Vor-, Zwischen- oder Nachkalkulation** durchgeführt werden. Während die Vorkalkulation für zukünftige Kostenträgerentscheidungen eingesetzt wird, dient die Nachkalkulation zur Kontrolle dieser Kostenträger. Die Zwischenkalkulation wird ebenfalls zu Kontrollzwecken notwendig und ist bei langfristigen Erstellungsphasen (z.B. im Anlagengeschäft) notwendig. In Abhängigkeit von den jeweiligen Fertigungsarten lassen sich die folgenden **Kalkulationsverfahren** unterscheiden:

Abb. 2.13: Fertigungsart und Kalkulationsverfahren (in Anlehnung an Drosse 1998, S. 86)

Fertigungsart	Beschreibung	Beispiel	Kalkulationsverfahren
Einzelfertigung	Verschiedenartige Produkte werden (in einem mehrstufigen Prozess) hergestellt	Spezialanlagenbau	**Zuschlagskalkulation, Maschinenstundensatzrechnung**

Serien-fertigung	Herstellung verschiedener Produkte in einer jeweils begrenzten Anzahl	Pkw-Produktion	**Zuschlagskalkulation, Maschinenstunden-satzrechnung**
Sorten-fertigung	Herstellung einiger weniger Produkte, die zu einer Gütergattung zählen	Bierproduktion	**Äquivalenz-ziffernrechnung**
Massen-fertigung	Einheitliche Erzeugnisse werden (mehrstufig) in großen Mengen hergestellt	Strom- oder Zigarettenproduktion	**Divisionskalkulation**
Kuppel-produktion	Aus einem Produktionsprozess resultieren mehrere Produktarten	Produktion von Heizöl und Benzin	**Restwert- oder Verteilungsrechnung**

Die Äquivalenzziffernkalkulation wird teilweise auch als ein Verfahren der Divisionskalkulation angesehen. Analog kann die Maschinenstundensatzrechnung als eine Variante der Zuschlagskalkulation betrachtet werden. Im Folgenden werden die Verfahren näher vorgestellt.

2.3.2.1 Divisionskalkulation

Die **Divisionskalkulation** ist eine relativ einfach durchführbare Kalkulation, deren Einsatz jedoch **nur bei einheitlicher Massenfertigung sinnvoll** ist. Beispiele sind Stromerzeuger, Wasserwerke oder die Zigarettenindustrie.

Die Selbstkosten pro Erzeugniseinheit ermitteln sich bei der Divisionskalkulation derart, dass die gesamten Kosten einer Periode durch die erbrachte Leistungsmenge dieses Zeitraumes dividiert werden.

In Abhängigkeit der Fertigungsstufen lassen sich die einstufige, die zweistufige und die mehrstufige Divisionskalkulation unterscheiden.

Der Einsatz der **einstufigen Divisionskalkulation** ist unter folgenden Voraussetzungen möglich:

- Es wird nur **ein Produkt** im Betrieb hergestellt.
- Es finden **keine Lagerbestandsveränderungen** an **unfertigen Erzeugnissen** statt.
- Es finden **keine Lagerbestandsveränderungen** an **fertigen Erzeugnissen** statt.

Die Selbstkosten pro Stück eines Kostenträgers betragen:
Selbstkosten pro Stück = Gesamtkosten der Periode / Absatzmenge

Da bei der einstufigen Divisionskalkulation keine Produktion auf Lager stattfindet, entspricht in diesem Fall die Produktionsmenge der Absatzmenge.

Beispiel: Ein Unternehmen produziert und verkauft 8.000 Stück eines Erzeugnisses. Dabei fallen Kosten in Höhe von insgesamt 40.000 € an.
Selbstkosten pro Stück = 40.000 € / 8.000 = 5 €/Stück

Wenn sich die Lagerbestände an fertigen Erzeugnissen verändern, ist eine **zweistufige Divisionskalkulation** erforderlich. Damit reduzieren sich die Voraussetzungen der zweistufigen Divisionskalkulation:

- Es wird nur **ein Produkt** im Betrieb hergestellt.
- Es finden **keine Lagerbestandsveränderungen** an **unfertigen Erzeugnissen** statt.

Als Stückkosten ergeben sich:

$$\text{Selbstkosten pro Stück} = \frac{\text{Herstellkosten}}{\text{Produktionsmenge}} + \frac{\text{Verwaltungs- und Vertriebskosten}}{\text{Absatzmenge}}$$

Bei der zweistufigen Divisionskalkulation ist bereits eine einfache Kostenstellenrechnung erforderlich, die zwischen einem Produktionsbereich und einem Verwaltungs- und Vertriebsbereich differenziert.

Die produzierte, aber noch nicht abgesetzte Menge wird zu Herstellkosten bewertet.

Beispiel: Ein Unternehmen produziert 8.000 Stück eines Erzeugnisses, von denen 7.000 Stück verkauft werden. Die Gesamtkosten dieser Periode betragen 40.000 €, darin sind 2.800 € Verwaltungs- und Vertriebskosten enthalten. Es ergeben sich:

- Herstellkosten je Stück = 37.200 € / 8.000 = 4,65 €
- Selbstkosten je Stück = 37.200 € / 8.000 + 2.800 € / 7.000 = 4,65 € + 0,4 € = 5,05 €

Im Falle einer mehrstufigen Fertigung ist in der Regel auch die **Einrichtung von Zwischenlagern** erforderlich. Neben den fertigen Erzeugnissen treten demnach auch Veränderungen bei den unfertigen Erzeugnissen auf, sodass im Falle eines Einproduktbetriebes eine **mehrstufige Divisionskalkulation** erforderlich wird.

Somit ergeben sich folgende Selbstkosten pro Stück:

$$\text{Selbstkosten pro Stück} = \frac{\text{HerK Stufe 1}}{\text{PM Stufe 1}} + \frac{\text{HerK Stufe 2}}{\text{PM Stufe 2}} + \ldots + \frac{\text{HerK Stufe n}}{\text{PM Stufe n}} + \frac{\text{VVK}}{\text{Absatzmenge}}$$

(HerK = Herstellkosten, PM = Produktionsmenge, VVK = Verwaltungs- und Vetriebskosten)

Beispiel: Ein Unternehmen produziert ein Erzeugnis in zwei Fertigungsstufen. In der Abrechnungsperiode sind folgende Kosten angefallen:
Fertigungsstufe 1: 8.000 unfertige Erzeugnisse werden zu 28.000 € erstellt.
Fertigungsstufe 2: 7.000 unfertige Erzeugnisse werden mit Kosten von 10.500 € zu fertigen Erzeugnissen weiterverarbeitet.
Die Verwaltungs- und Vertriebskosten betragen 1.500 €. Abgesetzt werden 6.000 Stück.
Daraus ergeben sich:

- Selbstkosten je Stück = 28.000 € / 8.000 + 10.500 € / 7.000 + 1.500 € / 6.000 = 3,5 € + 1,5 € + 0,25 € = 5,25 €
- Herstellkosten der fertigen Erzeugnisse: 5 € je Stück
- Herstellkosten der unfertigen Erzeugnisse: 3,5 € je Stück
- Lagerbestandserhöhungen der fertigen Erzeugnisse: 5,0 € · 1.000 = 5.000 €
- Lagerbestandserhöhungen der unfertigen Erzeugnisse: 3,5 € · 1.000 = 3.500 €

Bei der zwei- bzw. mehrstufigen Divisionskalkulation werden sowohl die Verwaltungskosten als auch die Vertriebskosten üblicherweise auf Basis der Absatzmenge umgerechnet. Kritisch ist hierzu anzumerken, dass ein Teil der Verwaltungskosten jedoch auch schon während der Produktion anfällt. Folglich müssten bereits auch die Lagerbestände an unfertigen und fertigen Erzeugnissen mit anteiligen Verwaltungskosten bewertet werden.

Das **typische Produktionsverfahren** für alle Formen der Divisionskalkulation ist die **Massenfertigung**.

2.3.2.2 Äquivalenzziffernkalkulation

Die Äquivalenzziffernkalkulation kann als eine Variante der Divisionskalkulation angesehen werden.

Im Unterschied zur Divisionskalkulation ist die Äquivalenzziffernkalkulation **für Betriebe mit mehreren Produkten** einsetzbar, die aus gleichartigen Materialien bestehen. Jedoch verursachen diese artverwandten Erzeugnisse, die auch als Sorten bezeichnet werden, unterschiedliche Verarbeitungskosten. Die Äquivalenzziffernrechnung kann beispielsweise in Blechwalzwerken, Ziegeleien, Brauereien und in der Papiererzeugung eingesetzt werden.

Die Äquivalenzziffernkalkulation geht davon aus, dass bei der **Sortenfertigung** die Kosten der betreffenden Erzeugnisarten in einer bestimmten Relation zueinander stehen. Die Äquivalenzziffer eines Produktes gibt das Stückkostenverhältnis im Vergleich zu den Kosten eines Einheitsproduktes (einer Einheitssorte) wieder, dessen Äquivalenzziffer den Basiswert 1 hat.

! Die Ermittlung der Äquivalenzziffern erfolgt einmalig in Form von Kostenanalysen.

Diese Äquivalenzziffern kommen dann in den folgenden Perioden zum Einsatz.

$$\text{Äquivalenzziffer einer Sorte A} = \frac{\text{Stückkosten der Sorte A}}{\text{Stückkosten der Einheitssorte}}$$

Beispiel: Eine Brauerei stellt die Biersorten A, B und C her. Die Sorte A verursacht 30 % mehr Kosten als B und die Sorte C 20 % weniger Kosten als die Sorte B. Somit lässt sich das Kostenverhältnis der Sorten durch folgende Äquivalenzziffern ausdrücken:

Sorte	Äquivalenzziffer
A	1,3
B	1
C	0,8

Innerhalb der Äquivalenzziffernkalkulation können die **einstufige** und die **mehrstufige Äquivalenzziffernkalkulation** unterschieden werden.

Als Voraussetzung der **einstufigen Äquivalenzziffernkalkulation** sind zu nennen:

- Herstellung von **gleichartigen Erzeugnissen** (Sortenfertigung).
- Es finden **keine Lagerbestandsveränderungen** von **unfertigen Erzeugnissen** statt.
- Es finden **keine Lagerbestandsveränderungen** von **fertigen Erzeugnissen** statt.

Zunächst ist die **Einheitssorte**, deren Äquivalenzziffer 1 beträgt, **festzulegen**. Die Wahl der Einheitssorte ist grundsätzlich beliebig; sie kann beispielsweise auf das Haupterzeugnis, ein Durchschnittserzeugnis oder das kostengünstigste Erzeugnis fallen.

Mittels der **anschließend festgelegten Äquivalenzziffern** werden die Mengen der jeweiligen Sorten auf die Einheitssorte normiert (Festlegung der Rechnungseinheiten).

Rechnungseinheiten einer Sorte A = Produktionsmenge der Sorte A · Äquivalenzziffer der Sorte A

Dann werden die **Gesamtkosten der Periode durch die Summe der Rechnungseinheiten aller Sorten dividiert**.

Das Ergebnis bildet die Stückkosten (Selbstkosten) einer Rechnungseinheit.

$$\text{Stückkosten pro Rechnungseinheit} = \frac{\text{Gesamtkosten}}{\text{Summe der Rechnungseinheiten}}$$

Anschließend können die **Stückkosten jeder Sorte** bestimmt werden:

Stückkosten der Sorte A = Stückkosten pro Rechnungseinheit · Äquivalenzziffer für A

Beispiel: Eine Brauerei produziert vier Biersorten A, B, C und D. Die Stückkosten stehen im Verhältnis 1 (A) : 1,5 (B) : 2 (C) : 2,5 (D) zueinander. Die Herstellungsmengen betragen 2.000 Liter bei A, 3.500 Liter bei B, 1.000 Liter bei C sowie 1.500 Liter bei D. Die gesamten Kosten betragen 3.900 €.

Sorte	Menge in Liter	Äquivalenzziffer	Rechnungseinheiten (RE)	Kosten je RE	Stückkosten jeder Sorte (je Liter)	Selbstkosten je Sorte
A	2.000	1	2.000	3.900 €/	0,30	600
B	3.500	1,5	5.250	13.000	0,45	1.575
C	1.000	2	2.000	= 0,3 €	0,60	600
D	1.500	2,5	3.750	je RE	0,75	1.125
∑			13.000			3.900

Im Rahmen der **mehrstufigen Äquivalenzziffernkalkulation** werden Lagerbestandsveränderungen an fertigen und unfertigen Erzeugnissen berücksichtigt. Als einzige Voraussetzung dieser Rechnung verbleibt die **Gleichartigkeit der erstellten Erzeugnisse**.

Die mehrstufige Äquivalenzziffernkalkulation wird beispielsweise über mehrere Äquivalenzziffernreihen gemäß der Anzahl der Fertigungsstellen verrechnet. Auch eine getrennte Äquivalenzziffernverrechnung von Einzelkosten sowie Gemeinkosten der jeweiligen Sorten ist denkbar.

! Generell ist eine mehrstufige Äquivalenzziffernkalkulation notwendig, wenn sich Kostenunterschiede der Sorten mit einer Äquivalenzziffernreihe nicht ausreichend darstellen lassen.

Beispiel: Eine Ziegelei produziert vier Ziegelsorten A, B, C und D. Die Materialstückkosten stehen im Verhältnis 1 (A) : 1,2 (B) : 1,8 (C) : 2 (D). Insgesamt sind 4.466 € an Materialkosten angefallen.

Die sonstigen Stückkosten verteilen sich gemäß der Äquivalenzziffern 2 (A) : 1 (B) : 2 (C) : 1 (D). Die gesamten sonstigen Kosten betragen 6.500 €.

Die hergestellten und abgesetzten Mengen belaufen sich auf 400 Stück bei Sorte A, 600 Stück bei Sorte B, 200 Stück bei Sorte C sowie 800 Stück bei Sorte D.

Materialkosten:

Sorte	Menge in Stück	Äquivalenzziffer	Rechnungseinheiten (RE)	Kosten je RE	Materialstückkosten jeder Sorte	Materialkosten je Sorte
A	400	1	400	4.466 €/	1,45	580
B	600	1,2	720	3.080	1,74	1.044
C	200	1,8	360	= 1,45 €	2,61	522
D	800	2	1.600	je RE	2,90	2.320
Σ			3.080			4.466

Sonstige Kosten:

Sorte	Menge in Stück	Äquivalenzziffer	Rechnungseinheiten (RE)	Kosten je RE	Stückkosten jeder Sorte	Sonstige Kosten je Sorte
A	400	2	800	6.500 € /	5	2.000
B	600	1	600	2.600	2,5	1.500
C	200	2	400	= 2,5 €	5	1.000
D	800	1	800	je RE	2,5	2.000
Σ			2.600			6.500

Selbstkosten je Stück:

A: 1,45 € + 5,00 € = 6,45 €
B: 1,74 € + 2,50 € = 4,24 €
C: 2,61 € + 5,00 € = 7,61 €
D: 2,90 € + 2,50 € = 5,40 €

Für die verschiedenen Formen der **Äquivalenzziffernkalkulation** ist die **Sortenfertigung typisch**.

Die Qualität der Kalkulationsergebnisse hängt in starkem Maße von der Güte der ermittelten Äquivalenzziffern ab. In der Realität ist es oftmals recht schwierig, solche Äquivalenzziffern zu finden, die wirklich der Kostenverursachung entsprechen.

2.3.2.3 Zuschlagskalkulation

Werden im Betrieb **verschiedenartige Erzeugnisse** hergestellt, welche unterschiedliche Arbeitsabläufe und den differenzierten Einsatz von Personal, Material und Anlagen erfordern, so entfallen die Voraussetzungen für den Einsatz der Äquivalenzziffernkalkulation.

Für die meisten Betriebe ist jedoch ein spezifischer Kostenanfall für die einzelnen Sorten charakteristisch. Darüber hinaus sind **Bestandsveränderungen** von unfertigen und fertigen Erzeugnissen zu berücksichtigen. Diese Konstellationen sind beim Vorliegen von **Einzelfertigung** bzw. **Serienfertigung** typisch; der Einsatz der **Zuschlagskalkulation** ist hier neben der Maschinenstundensatzkalkulation das geeignete Kalkulationsverfahren.

Zur Durchführung der Zuschlagskalkulation ist eine Trennung von Einzelkosten und Gemeinkosten erforderlich. Die weitere Berechnung kann mit unterschiedlichem Differenzierungsgrad erfolgen, nämlich als **summarische oder** als **differenzierende Zuschlagskalkulation**.

Zur Realisierung der **summarischen Zuschlagskalkulation** ist eine Gegenüberstellung aller Einzelkosten und aller Gemeinkosten des Betriebes erforderlich. Das Prinzip dieses Verfahrens besteht hierin:

! **Die Kostenrelation im Betrieb wird übertragen auf die Kostenrelation pro Erzeugniseinheit.**

Das einzelne Erzeugnis stellt also ein verkleinertes Abbild der gesamten Kostenstruktur dar. Ausgangspunkt ist die Kostenrelation im Betrieb, d.h. das Verhältnis der gesamten Einzelkosten zu den gesamten Gemeinkosten. Die Grundidee der summarischen Zuschlagskalkulation besteht darin, die betriebliche Kostenrelation auf das einzelne Erzeugnis zu übertragen. Somit entspricht das Verhältnis aus Stück-Einzelkosten und zugerechneten Stück-Gemeinkosten der betrieblichen Kostenrelation.

Die Verarbeitung der Gemeinkosten im Rahmen der Kalkulation erfolgt hier in einer Summe. Die Selbstkosten einer Erzeugniseinheit ergeben sich, indem auf deren Einzelkosten der betriebliche Gemeinkostenzuschlagssatz (Zuschlagssatz zur Kostendeckung) aufgeschlagen wird.

$$\text{Zuschlagssatz zur Kostendeckung} = \frac{\text{Gesamte Gemeinkosten der Periode}}{\text{Gesamte Einzelkosten der Periode}}$$

$$\text{Selbstkosten des Erzeugnisses A} = \text{Stück-Einzelkosten von A} \cdot (1 + \text{Zuschlagssatz zur Kostendeckung})$$

Beispiel: In einem Betrieb werden fünf Produkte mit unten stehenden Einzelkosten und Mengen hergestellt. In der Abrechnungsperiode sind insgesamt 45.000 € an Gemeinkosten angefallen.
Der Zuschlagssatz zur Kostendeckung wird wie folgt ermittelt (Werte aus unten stehender Tabelle):

$$\text{Zuschlagssatz zur Kostendeckung} = \frac{45.000\ €}{150.000\ €} = 0{,}3 = 30\,\%$$

Daraus ergibt sich folgende Kalkulation der Selbstkosten pro Stück:

Produkt	A	B	C	D	E
Einzelkosten in €	34.000	22.000	36.000	28.000	30.000
Gemeinkosten (30 %)	10.200	6.600	10.800	8.400	9.000
Selbstkosten je Produkt	44.200	28.600	46.800	36.400	39.000
Menge in Stück	5.000	4.000	10.000	2.000	3.000
Selbstkosten pro Stück	8,84	7,15	4,68	18,20	13,00

Sofern ein **kostenorientierter Verkaufspreis** ermittelt werden soll, wird der Zuschlagssatz zur Kostendeckung um den **Gewinnzuschlag** ergänzt. Somit ergibt sich der Kalkulationsaufschlag, der aufgeschlagen auf die Einzelkosten den Nettoangebotspreis ergibt.

	Zuschlagssatz zur Kostendeckung (in %)
+	Gewinnzuschlag (in %)
=	Kalkulationsaufschlag (in %)

Die summarische Zuschlagskalkulation erfordert aufgrund der pauschalen Gemeinkostenverrechnung keine Kostenstellenrechnung. Zwar erweist sich die **einfache Handhabung** dieser Rechnung als vorteilhaft, als nachteilig ist allerdings die **undifferenzierte Verrechnung der Gemeinkosten** anzusehen, welche die unterschiedliche Beanspruchung dieser Größe durch die Kostenträger nicht berücksichtigt und von daher auch nicht verursachungsgerecht ist.

Zur genaueren Zuordnung der Gemeinkosten ist deshalb die **differenzierende Zuschlagskalkulation** erforderlich.

Hier wird jeder Verursachungsbereich, der zu unterschiedlichen Gemeinkostenbeanspruchungen durch die Kostenträger führt, als Kostenstelle separat erfasst. Für jede Kostenstelle werden spezifische Zuschlagsbasen und Zuschlagssätze bestimmt. In Anlehnung an die zu diesem Zweck bestimmte Kostenstellenrechnung ist eine **Einteilung in einen Materialbereich, Fertigungsbereich, Verwaltungs- und Vertriebsbereich** üblich.

Die Vorgehensweise der differenzierenden Zuschlagskalkulation lässt sich folgendermaßen darstellen:

Abb. 2.14: Grundstruktur der differenzierenden Zuschlagskalkulation (Quelle: Wedell 2004, S. 207)

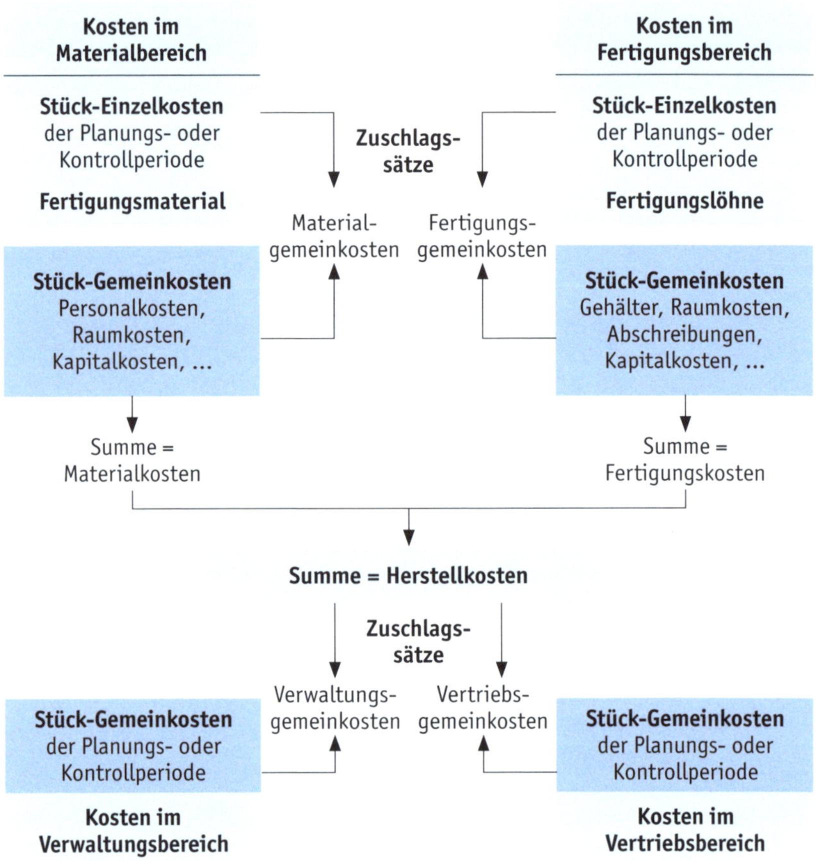

Die Zuschlagssätze für die Gemeinkosten werden üblicherweise bereits im BAB ermittelt. Die **jeweiligen Bezugsbasen** dieser Rechnung sind

- die Materialeinzelkosten für Materialgemeinkosten,
- die Fertigungseinzelkosten für Fertigungsgemeinkosten und
- die Herstellkosten für Verwaltungs- und Vertriebsgemeinkosten.

Rechnerisch basiert die differenzierende Zuschlagskalkulation auf folgendem **Schema**:

	Materialeinzelkosten
+	Materialgemeinkosten
=	Materialkosten
+	Fertigungseinzelkosten
+	Fertigungsgemeinkosten
+	Sondereinzelkosten der Fertigung
=	Fertigungskosten
⇒	Herstellkosten (Material- + Fertigungskosten)

+	Verwaltungsgemeinkosten
+	Vertriebsgemeinkosten
+	Sondereinzelkosten des Vertriebs
=	Selbstkosten

Die differenzierende Zuschlagskalkulation kann je nach kalkulatorischem Zweck noch erweitert werden. Beispielsweise kann der Fertigungsbereich in mehrere Kostenstellen Dreherei, Fräserei, Bohrerei mit separaten Zuschlagssätzen unterteilt werden.

Sondereinzelkosten der Fertigung (z.B. Spezialwerkzeuge) bzw. des Vertriebs (z.B. Verpackungen) fallen nur für einzelne Produkte an und werden bestimmten Kostenträgern direkt zugeordnet. Sie bilden allerdings **keine Zuschlagsbasis** zur Verrechnung von Gemeinkosten.

Beispiel: Kalkulation eines Auftrages, der folgende Einzelkosten verursacht:

Materialeinzelkosten:	25.000 €
Fertigungseinzelkosten:	16.000 €
Sondereinzelkosten der Fertigung:	4.000 €
Sondereinzelkosten des Vertriebs:	2.000 €

In der Kostenstellenrechnung wurden folgende Gemeinkostenzuschlagssätze ermittelt:

Materialgemeinkosten:	20 %
Fertigungsgemeinkosten:	85 %
Verwaltungsgemeinkosten:	20 %
Vertriebsgemeinkosten:	15 %

Als Selbstkosten des Auftrages ergeben sich:

	Materialeinzelkosten	25.000
+	Material-GK (20 %)	5.000
=	Materialkosten (M)	30.000
	Fertigungseinzelkosten	16.000
+	Fertigungs-GK (85 %)	13.600
+	Sondereinzelkosten d. F.	4.000
=	Fertigungskosten (F)	33.600
Herstellkosten (= M + F)		63.600
+	Verwaltungsgemeink. (20 %)	12.720
+	Vertriebsgemeinkosten (15 %)	9.540
+	Sondereinzelkosten d. V.	2.000
=	Selbstkosten	87.860

Insgesamt ist festzuhalten:

! Die differenzierende Zuschlagskalkulation nimmt eine wesentlich genauere Verrechnung vor als die summarische Variante.

Als Kritikpunkte lassen sich jedoch nennen:

- Es werden **proportionale Beziehungen** zwischen den Bezugsbasen und den Gemeinkosten unterstellt. Dies dürfte in der Realität **selten** der Fall sein, was insbesondere am Beispiel der Herstellkosten zur Verteilung der Verwaltungs- und Vertriebsgemeinkosten deutlich wird.
- Die ermittelten Zuschlagssätze gelten lediglich bei einer **bestimmten Beschäftigungslage**. Ändert sich die Beschäftigung, sind zur korrekten Gemeinkostenverrechnung veränderte Zuschlagssätze erforderlich.
- Die Ermittlung der Gemeinkostenzuschläge beruht auf **gegebenen Faktorpreisen**. Bei Erhöhung oder Verminderung der Faktorpreise ändern sich in der Regel auch die Kostenrelationen zwischen Einzel- und Gemeinkosten.
- Ggf. sind Mengenschlüssel (z.B. Maschinenstunden) geeigneter als die Verwendung von Werteschlüsseln.

2.3.2.4 Kalkulation mit Maschinenstundensätzen

Bei zunehmender Mechanisierung und Automatisierung führt die Zuschlagskalkulation zu immer ungenauerer Kostenverrechnung. Im Falle **unterschiedlicher Beanspruchung der Maschinen** durch die Erzeugnisse sowie unterschiedlicher Kosten pro Maschine führt die Zuschlagskalkulation zu einer unzutreffenden Weiterberechnung der Fertigungsgemeinkosten auf die Kostenträger, sodass zur genaueren Kostenverrechnung die **Zuschlagskalkulation mit Maschinenstundensätzen** notwendig erscheint. Die Zuschlagskalkulation mit Maschinenstundensätzen, auch **Maschinenstundensatzrechnung** genannt, ist eine Verfeinerung der Zuschlagskalkulation im Fertigungsbereich.
Zur Durchführung der Maschinenstundensatzrechnung ist zunächst eine **Aufspaltung der Fertigungsgemeinkosten** in maschinenabhängige und maschinenunabhängige (= Restgemeinkosten) vorzunehmen.

Üblicherweise zählen zu den **maschinenabhängigen Gemeinkosten**: Energiekosten, Instandhaltungskosten, Raumkosten, Werkzeugkosten, kalkulatorische Abschreibungen, kalkulatorische Zinsen usw. Zu den **Restgemeinkosten** zählen u.a.: Hilfslöhne, Sozialkosten, Hilfsstoffe und Heizungskosten.

Während die Restgemeinkosten den Einzelkosten als Block im BAB zugeschlagen werden, erfolgt die separate Erfassung der maschinenabhängigen Gemeinkosten nach Maschinen gegliedert. Anschließend erfolgt die Ermittlung des Stundensatzes jeder Maschine.

$$\text{Maschinenstundensatz} = \frac{\text{maschinenabhängige Gemeinkosten}}{\text{effektive Laufzeit}}$$

Der Zuschlagssatz für die Restfertigungsgemeinkosten wird wie folgt ermittelt:

$$\text{Zuschlagssatz für die Restfertigungsgemeinkosten} = \frac{\text{Fertigungsgemeinkosten} - \text{maschinenabhängige GK}}{\text{Fertigungseinzelkosten}}$$

Die weitere Berechnung, also die Ermittlung von Herstellkosten sowie Selbstkosten, erfolgt mithilfe der differenzierenden Zuschlagskalkulation. Deshalb kann die Maschinenstundensatzrechnung (Zuschlagskalkulation mit Maschinenstundensätzen) auch als Variante der Zuschlagskalkulation angesehen werden.

Beispiel: Produktion zweier Produkte A + B, für die insgesamt folgende Einzelkosten vorliegen:

Materialeinzelkosten:	9.800 €	
Fertigungseinzelkosten:	8.400 €	
Sondereinzelkosten der Fertigung:	1.000 €	
Sondereinzelkosten des Vertriebs:	500 €	

Des Weiteren liegen folgende Informationen zu den gesamten Gemeinkosten vor:

Materialgemeinkosten:	8.330 €	
Fertigungsgemeinkosten:	7.880 €	
– davon Maschinenkosten:		2.000 €
– Restfertigungsgemeinkosten:		5.880 €
Verwaltungsgemeinkosten:	7.082 €	
Vertriebsgemeinkosten:	14.164 €	

Ermittlung der Zuschlagssätze:

Materialgemeinkostenzuschlag:	8.330 € / 9.800 € = 85 %
Restfertigungsgemeinkostenzuschlag:	5.880 € / 8.400 € = 70 %
Verwaltungsgemeinkostenzuschlag:	7.082 € / 35.410 € = 20 %
Vertriebskostenzuschlag:	14.164 € / 35.410 € = 40 %

Die Maschinenkosten sind für insgesamt 1.000 Nutzungsstunden angefallen. Die Maschine wird ausschließlich zur Festigung der Produkte A und B genutzt. Die Maschinenkosten werden nach dem spezifischen Beanspruchungsgrad der jeweiligen Produkte verrechnet.

Zunächst ist der Maschinenstundensatz zu ermitteln:

$$\text{Maschinenstundensatz} = \frac{\text{Maschinenkosten der Periode}}{\text{Nutzungsstunden der Periode}} = \frac{2.000\ €}{1.000\ \text{Std.}} = 2\ €/\text{Std.}$$

Prozessanalysen haben ergeben, dass pro Stück von A fünf Nutzungsstunden sowie pro Stück von B drei Nutzungsstunden zur Fertigung auf der Maschine anfallen. Die Materialeinzelkosten pro Stück von A betragen 49,00 €; die Fertigungseinzelkosten pro Stück von A betragen 42,00 €. Darüber hinaus ist über das Produkt A bekannt, dass die Sondereinzelkosten der Fertigung 5 € pro Stück und die Sondereinzelkosten des Vertriebs 2,50 € pro Stück betragen.

Als Selbstkosten von A je Stück ergeben sich:

	Materialeinzelkosten	49,00
+	Material-GK (85 %)	41,65
=	Materialkosten (M)	90,65
	Maschinenkosten (5 · 2 €)	10,00
	Fertigungseinzelkosten	42,00
	Restfertigungs-GK (70 %)	29,40
	Sondereinzelkosten d. F.	5,00
=	Fertigungskosten (F)	86,40
	Herstellkosten (M + F)	177,05
+	Verwaltungs-GK (20 %)	35,41
+	Vertriebs-GK (40 %)	70,82
+	Sondereinzelkosten des Vertriebs	2,50
=	Selbstkosten	285,78

Analog zur Zuschlagskalkulation mit Maschinenstundensätzen ist im Fertigungsbereich auch der Ansatz von Arbeitsstunden möglich.

Eine Differenzierung der Zuschlagskalkulation ist grundsätzlich auch für andere Kostenstellen denkbar, sofern für einen Teil der jeweiligen Gemeinkosten **sinnvolle Mengenschlüssel** gefunden werden können.

2.3.2.5 Kuppelkalkulation

Die bisher behandelten Kalkulationsverfahren spiegeln Produktionsprozesse wider, mit denen entweder einzelne Produkte oder aber mehrere voneinander unabhängige Produkte hergestellt werden.

Dagegen sind **Kuppelproduktionsprozesse** dadurch gekennzeichnet, dass aufgrund von technischen Gründen zwangsläufig mehrere Produkte gleichzeitig (sog. Kuppelprodukte) anfallen. Produktionsprozesse mit Kuppelprodukten fallen beispielsweise an:

- in Kohlegaswerken (Gas, Koks, Teer, Benzol),
- in Raffinerien (Schweröl, Heizöl, Benzin),
- in Sägewerken (Bretter, Sägemehl),
- in Hochöfen (Roheisen, Gichtgas, Schlacke).

Wegen der **gegenseitigen Abhängigkeit der jeweiligen Erzeugnisse** ist die Bestimmung von produktspezifischen Herstell- bzw. Selbstkosten schwierig, weil die verursachungsgerechten Kosten nur allen Kuppelprodukten zugerechnet werden können. Deshalb gilt:

! Alle Kosten der Kuppelproduktion sind Gemeinkosten.

Um eine weitere Kostenverrechnung vornehmen zu können, wird im Rahmen der Kuppelkalkulation vom Prinzip der Verursachungsgerechtigkeit abgewichen. Stattdessen erfolgt eine **Orientierung am Prinzip der Kostentragfähigkeit** bzw. am Durchschnittskostenprinzip.

Innerhalb der Kuppelkalkulation haben sich **zwei Kalkulationsformen** herausgebildet, nämlich die Restwertmethode und die Verteilungsmethode:

- Ergeben sich aus der Kuppelproduktion ein Hauptprodukt und ein oder mehrere Nebenprodukte, dann ist die **Restwertmethode** anzuwenden. Bei diesem Verfahren werden die Umsatzerlöse der Nebenprodukte abzüglich noch anfallender Weiterverarbeitungs- oder Entsorgungskosten von den Gesamtkosten der Kuppelproduktion subtrahiert. Die verbleibenden Kosten werden dem Hauptprodukt zugeordnet. Es gilt also:

	Herstellkosten der gesamten Kuppelproduktion
–	Umsatzerlöse der Nebenprodukte
+	Weiterverarbeitungskosten der Nebenprodukte
+	Entsorgungskosten der Nebenprodukte
=	Herstellkosten des Hauptproduktes

Werden die Herstellkosten des Hauptproduktes durch die produzierte Menge dividiert, ergeben sich die Herstellkosten pro Stück. Zur Bestimmung der Selbstkosten des Hauptproduktes werden analog zur Zuschlagskalkulation noch eventuelle zusätzliche Fertigungskosten im Falle von Weiterverarbeitung sowie anteilige Verwaltungs- und Vertriebskosten berechnet.
Die Herstellkosten der Nebenprodukte ergeben sich aus ihren Marktpreisen abzüglich eines durchschnittlichen Gewinnanteils und anteiliger Verwaltungs- und Vertriebskosten.

Beispiel: Die Herstellkosten eines Kuppelkalkulationsprozesses betragen 158.000 €. Vom Hauptprodukt werden 2.000 kg, vom ersten Nebenprodukt 300 kg und vom zweiten Nebenprodukt 100 kg hergestellt. Nebenprodukt 1 wird für 10 € je kg abgesetzt, es fallen noch Weiterverarbeitungskosten je kg in Höhe von 2 € an. Nebenprodukt 2 muss zu 20 € je kg entsorgt werden.

	Herstellkosten des Kuppelkalkulationsprozesses	158.000 €
–	Umsatzerlöse für Nebenprodukt 1	3.000 €
+	Weiterarbeitungskosten für Nebenprodukt 1	600 €
+	Entsorgungskosten für Nebenprodukt 2	2.000 €
=	Herstellkosten des Hauptproduktes	157.600 €

Die Herstellkosten pro kg des Hauptproduktes betragen:
157.600 € / 2.000 kg = 78,80 €/kg

- Im Falle relativ gleichartiger Produkte als Ergebnis eines Kuppelproduktionsprozesses erfolgt die Kostenverrechnung mittels der **Verteilungsmethode**. Die Verteilung der Kosten erfolgt über Äquivalenzziffern, die das Verhältnis der Kostenverteilung auf die Kuppelprodukte wiedergeben. Damit gleicht das Verfahren der Äquivalenzziffernkalkulation. Als Basis der Verteilung kommen entweder die Marktpreise oder physikalische Eigenschaften der Kuppelprodukte (Dicke, Gewicht, Heizwerte usw.) infrage.

Beispiel: Als Ergebnis eines Kuppelkalkulationsprozesses ergeben sich drei Produkte. Die jeweiligen Marktpreise betragen:
A: 220 €/kg B: 120 €/kg C: 100 €/kg
Die Herstellkosten betragen insgesamt 23.500 €. Es werden folgende Mengen produziert:
A: 250 kg B: 200 kg C: 150 kg

Sorte	Menge in kg	Äquivalenzziffern	Rechnungseinheiten (RE)	Kosten je RE	Stückkos. je Sorte (pro kg)	Herstellkosten je Sorte
A	250	220	55.000	23.500 € / 94.000 RE = 0,25 € pro RE	55	13.750
B	200	120	24.000		30	6.000
C	150	100	15.000		25	3.750
∑			94.000			23.500

Der Verteilungsmethode können weitere Verrechnungsschritte folgen, so etwa die Verrechnung von Kosten weiterer Fertigungsstufen sowie die anteiligen Verwaltungs- und Vertriebskosten.

Insgesamt bleibt festzustellen, dass die **Kuppelkalkulation nicht verursachungsgerecht** erfolgt. Die Restwertmethode orientiert sich primär am Durchschnittsprinzip, während die Verteilungsmethode vor allem dem Tragfähigkeitprinzip folgt.

2.3.3 Kostenträgerzeitrechnung

Die Kostenträgerzeitrechnung beruht auf einer **zeitraumbezogenen Rechnung**, bei der die **Gesamtkosten** einer Periode den **gesamten Leistungen gegenübergestellt** werden. Aus dieser Rechnung resultiert das Betriebsergebnis (kalkulatorisches Ergebnis), das sich inhaltlich vom Erfolg der handelsrechtlichen Gewinn- und Verlustrechnung unterscheidet. An die Unterschiede zwischen beiden Größen sei an dieser Stelle noch einmal erinnert:

	Externer Gesamterfolg (GuV)	= Ertrag – Aufwand
–	unternehmensbezogene Abgrenzungen (betriebs-, periodenfremd, außerordentlich)	= neutraler Ertrag – neutraler Aufwand
–	kostenrechnerische Korrekturen	= Anders-/Zusatzkosten – Aufwand
=	Interner Erfolg	= Leistung – Kosten

Meist wird die interne Betriebsergebnisrechnung unterjährig (z.B. monatlich) durchgeführt, um damit ihrer Steuerungs- und Kontrollaufgabe gerecht zu werden. Die **unterjährige Betriebsergebnisrechnung** wird auch als **kurzfristige Erfolgsrechnung (KER)** bezeichnet.

Im Rahmen der KER werden die Kosten und Leistungen auf **einzelne Erzeugnisse** oder **Erzeugnisgruppen** weiterverrechnet, um deren spezifische Erfolgsbeiträge zu ermitteln. Darüber hinaus besteht die Möglichkeit, die Auswertung des Erfolges u.a. nach folgenden Kriterien vorzunehmen:
- Profit Centern,
- Kunden- oder Kundengruppen,
- Absatzgebieten,
- Auftragsgrößen.

Nach der Kostengliederung und der Ergebnisermittlung können **zwei Arten der Kostenträgerzeitrechnung** eingesetzt werden, das Gesamtkostenverfahren und das Umsatzkostenverfahren. Beide Verfahren führen jedoch zu gleichen Ergebnissen.
- Nach dem **Gesamtkostenverfahren** werden die gesamten Kosten einer Periode nach **Kostenarten** gegliedert gegenübergestellt. Das Gesamtkostenverfahren erfordert eine **zeitliche Abgrenzung** der Kosten und der Leistungen.

Dies bereitet keine Probleme, wenn die Menge der produzierten Güter der Absatzmenge entspricht und wenn keine zu aktivierenden Eigenleistungen erstellt wurden. In der Praxis unterscheiden sich jedoch in der Regel die Mengen der hergestellten und abgesetzten Güter.

Die Gesamtleistung besteht neben den **Umsatzerlösen** auch aus **Bestandserhöhungen** an fertigen und unfertigen Erzeugnissen und den anderen **aktivierten Eigenleistungen** (z.B. für selbst erstellte Maschinen). Diese Leistungen sind ebenfalls in der Abrechnungsperiode erbracht worden, haben jedoch (noch) zu keinen Umsatzerlösen geführt. Bei der Ermittlung der Gesamtkosten sind neben den **Kosten**, die in dieser Periode angefallen sind, auch die **Bestandsminderungen** an fertigen und unfertigen Erzeugnissen zu berücksichtigen, die bereits in Vorperioden hergestellt wurden.

! Die Bestandsminderungen führen jedoch zu einem Wertverbrauch in der aktuellen Periode und sind deshalb mit Kosten zu bewerten.

Die Bewertung der fertigen und unfertigen Erzeugnisse sowie der aktivierten Eigenleistungen kann mit Herstellkosten oder mit Teilkosten erfolgen. Dagegen sind die Umsatzerlöse mit den realisierten Marktpreisen anzusetzen.
Die Berechnung des Betriebsergebnisses nach dem Gesamtkostenverfahren erfolgt nach folgendem Schema:

	Umsatzerlöse
+/–	Bestandsveränderungen
+	aktivierte Eigenleistungen
–	Gesamtkosten
=	Betriebsergebnis

Beispiel: Ein Betrieb erzielte in der abgelaufenen Periode Umsatzerlöse in Höhe von 620.000 €. Der Bestand an fertigen Erzeugnissen hat sich um 35.000 € erhöht, die unfertigen Erzeugnisse haben um 45.000 € abgenommen. Des Weiteren wurde eine technische Anlage im Wert von 25.000 € selbst erstellt. Als Gesamtkosten sind 480.000 € angefallen.

	Umsatzerlöse	620.000 €
+	Bestandserhöhungen an fertigen Erzeugnissen	35.000 €
–	Bestandsminderungen an unfertigen Erzeugnissen	45.000 €
+	aktivierte Eigenleistungen	25.000 €
–	Gesamtkosten	480.000 €
=	Betriebsergebnis	155.000 €

- Der Aufbau des Gesamtkostenverfahrens ist **relativ einfach**. Allerdings ist eine Inventurdurchführung der fertigen und unfertigen Erzeugnisse zur Feststellung der Bestandsveränderungen erforderlich. Dies ist bei Anwendung der kurzfristigen Erfolgsrechnung relativ aufwendig. Darüber hinaus liefert das Gesamtkostenverfahren **keine Informationen über den Erfolg von Erzeugnissen oder Erzeugnisgruppen**.

- Dagegen ist das **Umsatzkostenverfahren** eine Absatzerfolgsrechnung, bei der zur Bestimmung des Betriebsergebnisses den Umsatzerlösen die Kosten des Umsatzes gegenübergestellt werden. Das **Grundschema** lautet:

	Umsatzerlöse
–	Selbstkosten des Umsatzes
=	Betriebserfolg

Zur Bestimmung der **Selbstkosten** des Umsatzes ist folgende Rechnung erforderlich:

	Herstellkosten der Erzeugung der Abrechnungsperiode
+/–	Bestandsveränderungen bei unfertigen Erzeugnissen
=	Herstellkosten der fertig gestellten Menge
+/–	Bestandsveränderungen bei fertigen Erzeugnissen
=	Herstellkosten der Gesamtleistung
–	aktivierte Eigenleistungen
=	Herstellkosten des Umsatzes
+	Verwaltungsgemeinkosten
+	Vertriebsgemeinkosten
=	Selbstkosten des Umsatzes

Beispiel: Es gelten die Ausgangsdaten des vorherigen Beispiels. Beim Umsatzkostenverfahren sind die Gesamtkosten des Gesamtkostenverfahrens um die Herstellkosten der Lagerleistung und die aktivierten Eigenleistungen zu modifizieren.

	Gesamtkosten	480.000
–	Herstellkosten d. Lagerleistung u. d. aktiv. Eigenleis.	15.000
=	Selbstkosten des Umsatzes	465.000

Das Betriebsergebnis wird wie folgt ermittelt:

	Umsatzerlöse	620.000
–	Selbstkosten des Umsatzes	465.000
=	Betriebserfolg	155.000

Ein Vergleich beider Verfahren führt zu folgender Bewertung:

- Umsatzkostenverfahren und Gesamtkostenverfahren führen zum gleichen Betriebserfolg.
- Beim Umsatzkostenverfahren werden den Umsatzerlösen die Selbstkosten des Umsatzes gegenübergestellt.
- Beim Gesamtkostenverfahren werden zusätzlich alle weiteren in der Periode erstellten Leistungen zu Herstellkosten berücksichtigt;
- diesen stehen in gleicher Höhe weitere Kosten gegenüber.

Die Zusammenhänge werden hier noch einmal verdeutlicht:

Abb. 2.15: Umsatz- und Gesamtkostenverfahren

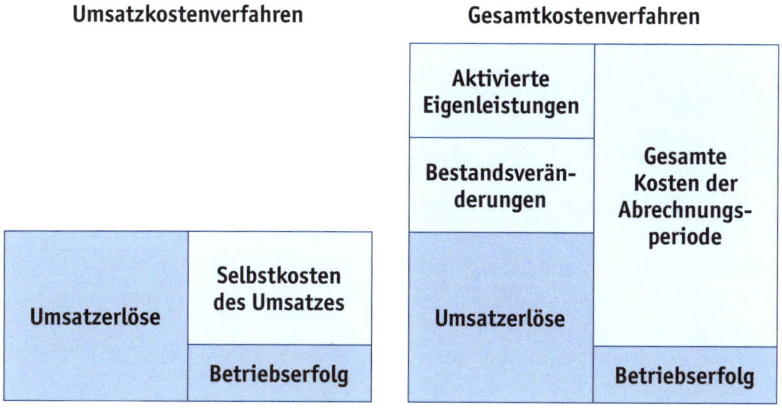

! Das Umsatzkostenverfahren ist nur bei einer voll ausgebauten Kostenstellen- und Kostenträgerrechnung durchführbar.

Als vorteilhaft gegenüber dem Gesamtkostenverfahren erweist sich die Tatsache, dass keine Bestandsermittlungen von fertigen und unfertigen Erzeugnissen erforderlich sind. Damit wird insbesondere die Durchführung der kurzfristigen Erfolgsrechnung (KER) erleichtert.

Im Gegensatz zum Gesamtkostenverfahren ermöglicht das Umsatzkostenverfahren zusätzlich **detailliertere Erfolgsrechnungen** auf der Ebene von **Kostenträgern**.

Die Möglichkeiten beim Umsatzkostenverfahren zur differenzierten Darstellung des Erfolgsbeitrages von Erzeugnissen verdeutlicht das folgende Beispiel:

Beispiel: Es gelten die Ausgangsdaten für den Gesamtbetrieb aus den beiden vorangegangenen Beispielen.
Das Produktionsprogramm besteht aus vier Produktarten, für welche die nachfolgenden Informationen vorliegen:

Produktart	A	B	C	D
Preis pro Stück in €	1,30	6,00	3,00	4,00
Selbstkosten pro Stück in €	1,00	5,00	2,00	3,00
Produzierte Menge	110.000	26.000	62.500	45.000
Absatzmenge	100.000	25.000	60.000	40.000

Darauf basierend können die produktspezifischen Erfolgsbeträge ermittelt werden:

Produktart	A	B	C	D	Gesamt
Gewinn pro Stück	0,30	1,00	1,00	1,00	
Umsatzerlöse in €	130.000	150.000	180.000	160.000	620.000
Selbstkosten des Umsatzes in €	100.000	125.000	120.000	120.000	465.000
Erfolgsbeitrag in €	30.000	25.000	60.000	40.000	155.000

Die dargestellte Ermittlung der Erfolgsbeiträge der einzelnen Produkte ist allerdings nicht unproblematisch. So würde etwa eine andere Verteilung der willkürlich zugeordneten Verwaltungs- und Vertriebskosten zu abweichenden Erfolgsbeiträgen der einzelnen Produktarten führen.

2.4 Kritische Würdigung der Vollkostenrechnung

Das Ziel der Vollkostenrechnung besteht darin, jedem Kostenträger seine vollen Kosten zuzuordnen. Grundsätzlich soll jeder Kostenträger Marktpreise erzielen, die seine Vollkosten zumindest decken.

! Diese Verrechnung führt jedoch zu systembedingten Mängeln.

Beispiel: Ein Betrieb fertigt und verkauft zwei Produktarten. Es liegen Informationen über die Verkaufspreise und Selbstkosten je Stück vor:

1. Stückerfolge nach Vollkostenrechnung:

	Produkt A	Produkt B
Realisierbarer Marktpreis in €	2.500	2.900
Stückselbstkosten in €	1.800	3.000
Stückgewinn/-verlust in €	700	– 100

Unter Vollkostenaspekten wäre das Produkt B aus dem Angebot zu nehmen, da es einen Verlust »erwirtschaftet«. Ob diese Entscheidung auch betriebswirtschaftlich richtig wäre, kann jedoch nur auf der Basis von Teilkosten entschieden werden.

2. Stückerfolge nach Teilkostenrechnung:

	Produkt A	Produkt B
Realisierbarer Marktpreis in €	2.500	2.900
Direkte Stückkosten in €	1.000	900
Deckungsbeitrag je Stück in €	1.500	2.000

Bei dieser Betrachtung leisten beide Produkte einen positiven Erfolgsbeitrag, wobei auf der Stückebene der Deckungsbeitrag von Produkt B denjenigen von Produkt A noch übertrifft. Die Deckungsbeiträge der einzelnen Produkte dienen zur Deckung der noch übrig gebliebenen indirekten Kosten und sollen darüber hinaus möglichst Gewinn erwirtschaften.

Dieses Beispiel verdeutlicht einen wesentlichen Kritikpunkt an der Vollkostenrechnung: Die **Verteilung der Gemeinkosten** auf die Kostenträger ist mehr oder weniger **willkürlich**. Insofern sind auch die **Gewinnbeiträge** der einzelnen Produkte auf Vollkostenbasis **willkürlich**.

! Die Ergebnisse der Vollkostenrechnung hängen wesentlich davon ab, welcher Verteilungsschlüssel bzw. welche Verteilungsgrundlage gewählt wird.

In der Regel liegen der Vollkostenrechnung als **Zuschlagsbasis** die **Einzelkosten** zugrunde.

Werden die Einzelkosten als Verrechnungsbasis gewählt, so sind immer noch **mehrere Verrechnungsweisen** der Gemeinkosten möglich, die wiederum zu unterschiedlichen Stückgewinnen der einzelnen Produkte führen.

Im Einzelnen können die Gemeinkosten auf die Einzelkosten wie folgt verrechnet werden:
- Zuschlagsgrundlage sind die gesamten Einzelkosten,
- Zuschlagsgrundlage sind nur die Materialeinzelkosten,
- Zuschlagsgrundlage sind nur die Fertigungseinzelkosten,
- die Gemeinkosten werden differenziert über die Materialeinzelkosten und die Fertigungseinzelkosten verrechnet,
- die Gemeinkosten werden noch differenzierter über die Materialeinzelkosten und mehrere Fertigungseinzelkosten verrechnet usw.

Ein weiterer Kritikpunkt gegenüber der Vollkostenrechnung besteht darin, dass diese eine **Abhängigkeit der Gemeinkosten von der Beschäftigung** unterstellt. Jedoch verhalten sich die Gemeinkosten in der Realität gegenüber der Beschäftigung **zum Teil fix und zum Teil variabel**.

Die Ermittlung von festen Zuschlagssätzen im Rahmen der Kostenstellenrechnung bedeutet aber im Fall von Beschäftigungsveränderungen, dass die Kalkulation zu **nicht verursachungsgerechten Kostenbelastungen der Kostenträger** führt (Proportionalisierung der fixen Kosten über Gemeinkostenzuschlagssätze).

Angesichts der genannten Kritikpunkte sind **bei ausschließlicher Anwendung der Vollkostenrechnung** folgende Fehlentscheidungen möglich:
- Herausnahme eines vermeintlichen Verlustproduktes,
- Ablehnung eines vermeintlichen Verlustauftrages,
- Nichtbelieferung eines vermeintlichen Verlustkunden,
- Ausschluss eines vermeintlichen Verlustabsatzgebietes,
- marktkonträre Preisstellung.

Dennoch kann in der Regel nicht völlig auf die Verfahren der Vollkostenrechnung verzichtet werden. Insbesondere auf langfristige Sicht ist es unerlässlich, dass zur Finanzierung der Fixkosten entsprechende Zahlungsüberschüsse erwirtschaftet werden. Darüber hinaus sind Teile der Gemeinkosten ggf. im Rahmen der Bestandsbewertung zu berücksichtigen.

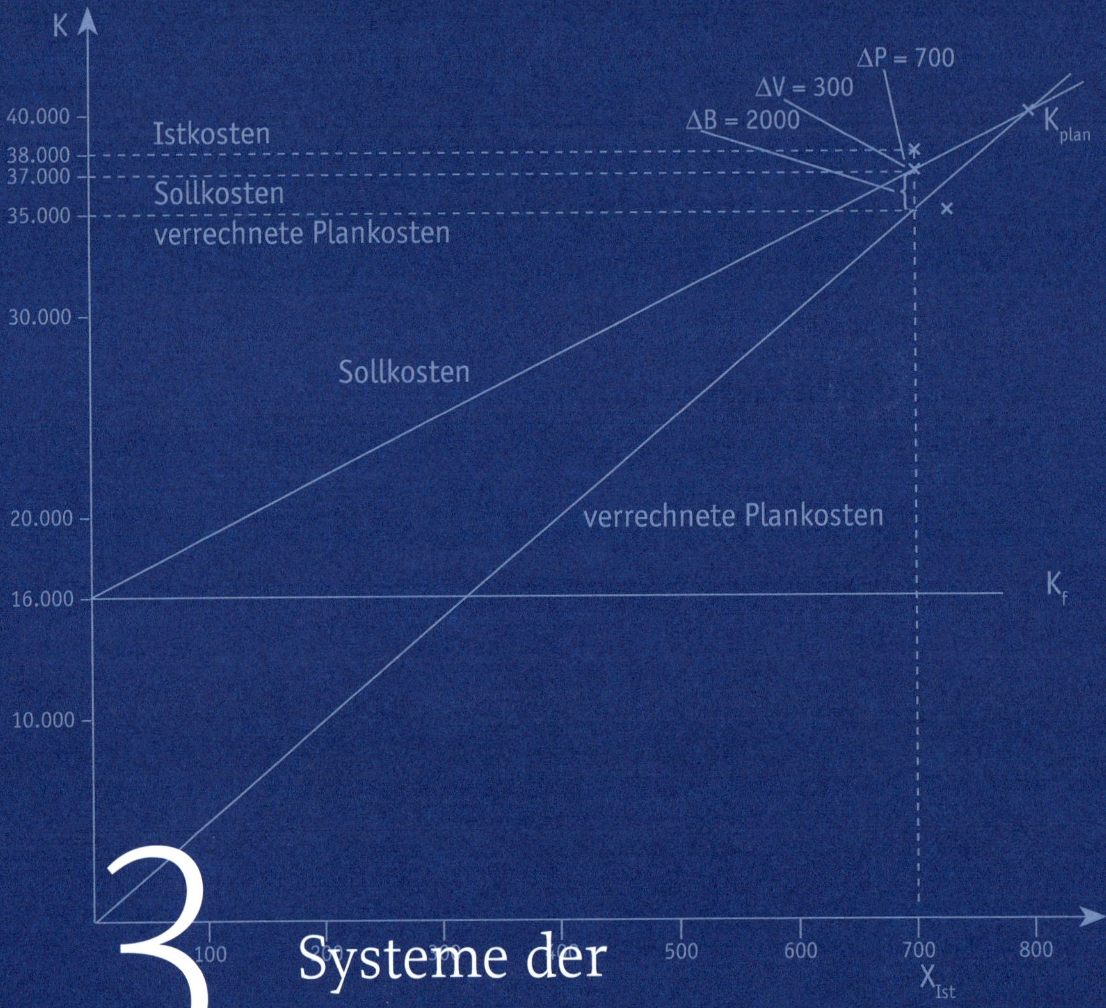

3 Systeme der Teilkostenrechnung

Die Teilkostenrechnung setzt an den Mängeln der Vollkostenrechnung an. Der wesentliche Unterschied ist:

> **!** Hier werden nicht alle Kosten auf den jeweiligen Kostenträger weiterverrechnet, sondern nur Teile davon.

3.1 Der Grundgedanke der Teilkostenrechnung

Die Teilkostenrechnung ist im Gegensatz zu den Systemen der Vollkostenrechnung eine **retrograde Rechnung**. Ausgangspunkt sind im Absatzmarkt erzielbare Preise bzw. Umsatzerlöse, denen je nach der Art der Rechnung in unterschiedlichem Ausmaß Teile der Gesamtkosten zugeordnet werden. Das Ergebnis dieser Rechnung wird als **Deckungsbeitrag** bezeichnet.

Deckungsbeitrag = Erlöse – Teilkosten

Die realisierten Deckungsbeiträge aller Kostenträger dienen zur Deckung der verbliebenen Restkosten. Um einen **positiven Betriebserfolg** zu erzielen, muss die **Summe der Deckungsbeiträge größer** sein **als die Restkosten**. Somit gilt:

Deckungsbeitrag = Restkosten + Gewinn oder
Deckungsbeitrag + Verlust = Restkosten

Innerhalb der Teilkostenrechnung haben sich verschiedene Systeme herausgebildet, von denen die wichtigsten vorgestellt werden.

Ein Teil der Teilkostenrechnungen berechnet den Deckungsbeitrag auf der Grundlage von variablen Kosten, während andere Systeme diese Berechnung auf der Basis von Einzelkosten durchführen. Darüber hinaus ist die Zahl der Abrechnungsstufen unterschiedlich, sodass einstufige und mehrstufige Systeme unterschieden werden können.

Folgende Teilkostenrechnungssysteme (Deckungsbeitragssysteme) werden nachfolgend behandelt:

- **Einstufige Deckungsbeitragsrechnung** (Direct Costing), hier gilt:
  Deckungsbeitrag = Erlös – variable Kosten
- **Mehrstufige Deckungsbeitragsrechnung** (Fixkostendeckungsrechnung), hier gilt:
  Deckungsbeitrag = Erlös – variable Kosten – Fixkosten verschiedener Stufen
- **Deckungsbeitragsrechnung mit relativen Einzelkosten**, hier gilt:
  Deckungsbeitrag = Erlös – relative Einzelkosten

3.2 Einstufige Deckungsbeitragsrechnung

Um die Proportionalisierung der Fixkosten und die damit verbundenen Fehlentscheidungen der Vollkostenrechnung zu vermeiden, werden die Periodenkosten bei Anwendung der einstufigen Deckungsbeitragsrechnung (**Direct Costing**) in **beschäftigungsvariable und beschäftigungsfixe Kosten** aufgeteilt.

Zentrale Größe dieser Rechnung ist der **Deckungsbeitrag** bzw. der Deckungsbeitrag je Stück (Stückbeitrag). Deckungsbeiträge je Stück stellen jedoch keine Gewinne dar, sondern ergeben sich als Differenz des Stückpreises und der variablen Stückkosten. Somit gilt für den Deckungsbeitrag einer Erzeugniseinheit:

$$p - k_v = db$$

(mit: p = Stückpreis, k_v= variable Stückkosten, db= Deckungsbeitrag je Stück)

Damit ergibt sich der gesamte Deckungsbeitrag eines Erzeugnisses mit der Absatzmenge x aus:

$$DB = db \cdot x = (p - k_v) \cdot x$$

Der **betriebliche Gewinn** einer Periode wird ermittelt, indem von dem Gesamtdeckungsbeitrag die gesamten Fixkosten der Periode subtrahiert werden:

$$G = DB - K_f = \sum_{i=1}^{n} [(p_i - k_{vi}) \cdot x_i] - K_f$$

(mit: G = Betriebsgewinn, p_i = Preis von Erzeugnis i, k_{vi} = variable Stückkosten von Erzeugnis i, x_i = Absatzmenge von Erzeugnis i, K_f = gesamte Fixkosten, DB= gesamter Deckungsbeitrag)

Der Unterschied zur Vollkostenrechnung wird deutlich, indem man obiger Gewinngleichung die Gewinngleichung der Vollkostenrechnung gegenüberstellt:

$$G = \sum_{i=1}^{n} (p_i - k_{si}) \cdot x_i$$

(mit: k_{si} = Selbstkosten von Erzeugnis i)

Im Rahmen der Vollkostenrechnung werden alle Kosten, also auch die Fixkosten, auf das einzelne Stück verrechnet, während in der Deckungsbeitragsrechnung auf eine Proportionalisierung der Fixkosten verzichtet wird. Die **variablen Kosten** hingegen werden innerhalb der **Deckungsbeitragsrechnung proportionalisiert**, d.h., sie verlaufen in linearer Relation zur Beschäftigung.

3.2.1 Kostenartenrechnung

Die Kostenartenrechnung der einstufigen Deckungsbeitragsrechnung ähnelt jener der Vollkostenrechnung. Im Unterschied zur Vollkostenrechnung ist jedoch nach der Ermittlung der Höhe der einzelnen Kostenarten eine anschließende Aufteilung in fixe und variable Bestandteile üblich.

- Zu den **variablen Kosten** zählen zunächst die **Einzelkosten**, also Fertigungsmaterial, Fertigungslöhne und Lohnnebenkosten.
- Zu den **fixen Kosten** zählt ein **Großteil der Gemeinkosten**, also vor allem Gehälter, Instandhaltungskosten, Büromaterial, Steuern, Versicherungen und Abgaben, allgemeine Verwaltungskosten, Eigenkapitalzinsen und kalkulatorische Wagnisse.
- Darüber hinaus gibt es sog. **semivariable Kosten**, die als Mischkosten **weder reine fixe Kosten noch reine variable Kosten** darstellen. Dazu zählen u.a. Hilfs- und Betriebsstoffe, Hilfslöhne, Werkzeuge, Abschreibungen.

Diese Aufteilung der Kosten dient der allgemeinen Orientierung; allerdings hängt die Zuordnung in der Praxis vom betrieblichen Einzelfall ab.

Um die fixen und variablen Kosten bestimmen zu können, sind diverse **Verfahren der Kostenauflösung** entwickelt worden. Wir stellen

- die Erfahrungswertmethode,
- das Differenzen-Quotienten-Verfahren,
- das grafische Kostenauflösungsverfahren und
- die lineare Regression vor.

Alle Methoden können zur Spaltung einzelner Kostenarten oder zur Aufteilung der Gesamtkosten verwendet werden.

3.2.1.1 Erfahrungswertmethode

Nach der Erfahrungswertmethode wird Kostenart für Kostenart aufgrund von **Vergangenheitswerten** geprüft, in welchem Ausmaß diese variabel bzw. fix zur Beschäftigung verlaufen. Allerdings ist diese Form der Kostenverteilung nicht frei von **Subjektivität**.

Beispiel: In einem Betrieb sind in der vergangenen Periode Gesamtkosten von 6 Millionen € entstanden. Die Aufteilung der einzelnen Kostenarten in fixe und variable Bestandteile erfolgt aufgrund von Erfahrungswerten:

Kostenart	Kostenbeitrag in T€	Anteil Fixkosten in T€	Anteil variable Kosten in T€
Material	3.250	0 (0 %)	3.250 (100 %)
Löhne	800	400 (50 %)	400 (50 %)
Gehälter	200	190 (95 %)	10 (5 %)
Abschreibungen	700	595 (85 %)	105 (15 %)
Instandhaltung	500	200 (40 %)	300 (60 %)
Zinsen	300	270 (90 %)	30 (10 %)
Sonstige Kosten	250	75 (30 %)	175 (70 %)
Gesamt	6.000	1.730	4.270

3.2.1.2 Differenzen-Quotienten-Verfahren

Die Kostenspaltung nach dem Differenzen-Quotienten-Verfahren (Hoch-Tief-Punkt-Methode) unterstellt einen (annähernd) **linearen Kostenverlauf**. Zur Berechnung werden zwei Kosten-Mengen-Relationen benötigt. Wenn mehrere Relationen aus der Vergangenheit bekannt sind, so sind die Werte des **höchsten**

und niedrigsten Beschäftigungsgrades zu wählen, wobei auf Ausreißer im statistischen Sinne allerdings verzichtet werden sollte. Zunächst erfolgt die Berechnung der **variablen Stückkosten**:

$$k_v = \frac{K_2 - K_1}{x_2 - x_1}$$

(mit: k_v = variable Stückkosten; K_1, K_2 = Gesamtkosten bei den Beschäftigungsgraden 1 bzw. 2; x_1, x_2 = Beschäftigungsgrade)

Nach Bestimmung der variablen Stückkosten können durch Multiplikation mit den Mengen die **variablen Kosten einer bestimmten Periode** berechnet werden. Die Differenz der Gesamtkosten und der variablen Kosten dieser Periode ergibt die Fixkosten.

$K_f = K_{gest} - k_v \cdot x$ (mit: K_f = Fixkosten, K_{gest} = Gesamtkosten in der Periode t)

Damit ist auch die **allgemeine Kostenfunktion** bestimmbar:

$$K_{ges} = K_f + k_v \cdot x$$

Beispiel: In einem Betrieb sind aufgrund von Vergangenheitswerten mehrere Kosten-Mengen-Relationen bekannt. Die Beschäftigung lag zwischen 100 und 200 Stück. Für diese Extremwerte fielen Gesamtkosten von 50.000 bzw. 80.000 € an. Anhand dieser Werte können die variablen Stückkosten bestimmt werden.

$$k_v = \frac{80.000\text{ €} - 50.000\text{ €}}{200\text{ Stück} - 100\text{ Stück}} = 300\text{ €/Stück}$$

Die Fixkosten können bestimmt werden, indem die gewonnenen Informationen auf einen der beiden Extremwerte übertragen werden. Anhand der Werte mit hoher Beschäftigung ergeben sich folgende Fixkosten:

$$K_f = 80.000\text{ €} - 200 \cdot 300\text{ €} = 20.000\text{ €}$$

Die Kostenfunktion lautet folglich:

$$K_{ges} = 20.000\text{ €} + 300 \cdot x$$

Das vorgestellte Verfahren stellt den Kostenverlauf jedoch nur näherungsweise dar, weil lediglich zwei Wertepaare berücksichtigt werden.

3.2.1.3 Grafisches Kostenauflösungsverfahren

Dagegen greift das grafische Kostenauflösungsverfahren auf **mehrere Kosten-Mengen-Relationen** zurück. In einem **Streupunktdiagramm** werden anhand von Vergangenheitswerten relativ viele Kombinationen aus Gesamtkosten und dazugehöriger Beschäftigung eingetragen. Im Anschluss wird **durch die Punkteschar** freihändig **eine Gerade** gezeichnet, deren Abweichung zu den Streupunkten möglichst gering sein soll.

Die zeichnerisch ermittelte Grundtendenz des Zusammenhanges entspricht der gesuchten Kostenfunktion. Die **Steigung der Geraden** gibt die **variablen Stück-**

kosten und der **Schnittpunkt der Geraden mit der Kostenachse** die **fixen Kosten** an. Systembedingt liefert das grafische Kostenauflösungsverfahren lediglich Näherungslösungen.

Abb. 3.1: Grafische Kostenauflösung

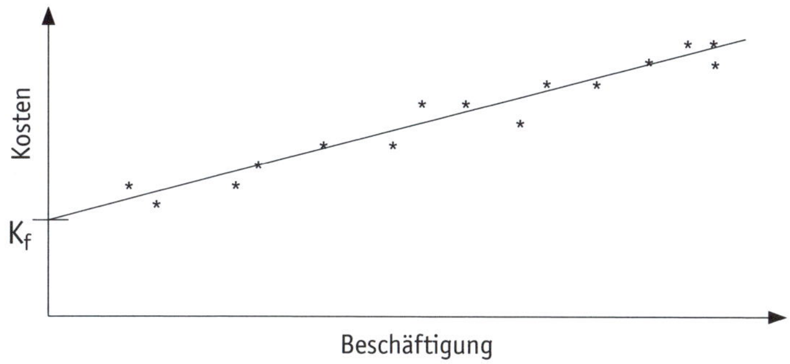

3.2.1.4 Lineare Regressionsanalyse

Ein Verfahren, mit dem die **Kostenauflösung relativ präzise** vorgenommen werden kann, ist die lineare Regressionsanalyse. Allerdings erhöht sich bei diesem Verfahren auch der Rechenaufwand, was in Zeiten von modernen EDV-Programmen aber weniger schwer wiegend erscheint.

Ausgangspunkte sind die Kosten-Beschäftigungs-Verhältnisse aus der Vergangenheit. Mittels der linearen Regression wird in diese Punkte eine Gerade gelegt, die »möglichst gut passt«. Die Gerade wird also so an die Punktwerte angepasst, dass die **mittleren quadratischen Abweichungen der Punkte zu der Geraden minimiert** werden. Die Regressionsgerade stellt im Ergebnis die Kostenfunktion dar.

$$K_{ges} = K_f + k_v \cdot x$$

Die Fixkosten und die variablen Stückkosten lassen sich so ermitteln:

$$K_f = K_m - k_v \cdot X_m$$

$$k_v = \frac{\sum_{i=1}^{n} (K_i - K_m)(X_i - X_m)}{\sum_{i=1}^{n} (X_i - X_m)^2}$$

(mit: K_i = Kosten in der Periode i, K_m = Mittelwert der Kosten der vergangenen Perioden, X_i = Beschäftigung in der Periode i, X_m = Mittelwert der Beschäftigung der vergangenen Perioden)

Beispiel: In den vergangenen fünf Perioden sind folgende Kosten-Mengen-Relationen entstanden:

Periode i	1	2	3	4	5
K_i in €	8.000	5.000	6.000	7.000	9.000
X_i in Stück	37	20	23	30	40

Die Mittelwerte der Kosten und der Beschäftigung sind also: $X_m = 30$; $K_m = 7.000$. Zur Ermittlung der Kostenfunktion berechnen wir zunächst:

X_i	K_i	$(K_i - K_m)$	$(X_i - X_m)$	$(K_i - K_m)(X_i - X_m)$	$(X_i - X_m)^2$
37	8.000	+ 1.000	+ 7	7.000	49
20	5.000	– 2.000	– 10	20.000	100
23	6.000	– 1.000	– 7	7.000	49
30	7.000	0	0	0	0
40	9.000	+ 2.000	+ 10	20.000	100
				$\sum = 54.000$	$\sum = 298$

Für k_v und K_f ergibt sich dann gemäß obiger Gleichungen:

$$k_v = \frac{54.000}{298} \approx 181{,}21$$

$$K_f = 7.000 - 181{,}2080536 \cdot 30 \approx 1.563{,}76$$

Somit lautet die Kostenfunktion:

$K_i = K_f + k_v \cdot X_i = 1.563{,}76 + 181{,}21 \cdot X_i$

Abb. 3.2: Regressionsgerade als Kostenfunktion

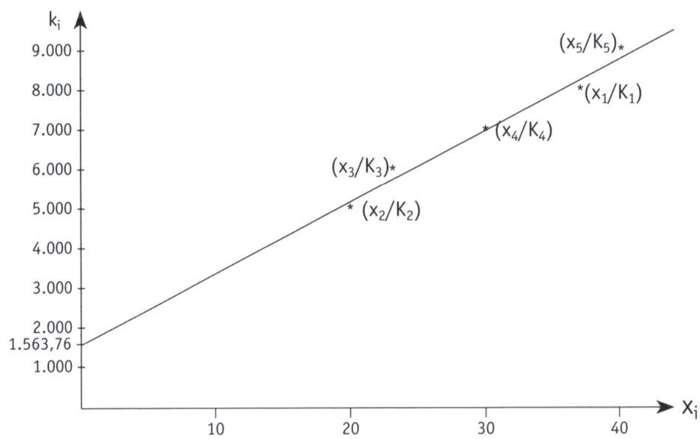

3.2.1.5 Kritische Würdigung der Kostenauflösungsverfahren

Gegenüber den vorgestellten Verfahren der Kostenauflösung sind folgende Kritikpunkte angebracht:

- Unterstellung eines annähernd **linearen Kostenverlaufes**.
- Zur Kostenauflösung werden **Vergangenheitswerte** herangezogen, die nicht unbedingt auf die Gegenwart oder Zukunft übertragbar sind.
- Die Beschäftigungsgrade müssen in der Vergangenheit in einem **größeren Bereich geschwankt** haben, um ein aussagefähiges Ergebnis ermitteln zu können.

- Beim Überschreiten von Beschäftigungsintervallen entstehen **Kostensprünge**, da die Fixkosten lediglich innerhalb bestimmter Beschäftigungsintervalle konstant sind (intervallfixe Kosten).
- Die Gesamtkosten sinken beim Rückgang der Beschäftigung nicht in dem gleichen Maße, wie sie bei steigender Beschäftigung zunehmen (**Kostenremanenz**). Dieses Phänomen ist darauf zurückzuführen, dass die Abbaufähigkeit bestimmter Kostenarten (z.B. Personalkosten, Abschreibungen, Kosten aufgrund von Abnahmeverpflichtungen gegenüber Lieferanten) gar nicht oder nur langfristig möglich ist.
- **Änderungen der Produktionsmethoden** beeinträchtigen die Aussagefähigkeit der Kostenauflösungsverfahren.

3.2.1.6 Kostenartenplan

Der Kostenartenplan nimmt eine Aufteilung der Gesamtkosten in fixe und variable Kosten vor. So ein Kostenartenplan im Direct Costing kann folgendermaßen aussehen:

Tab. 3.1: Beispiel für einen Kostenartenplan

Kostenart	Kostenbetrag in €	Anteil Fixkosten	Anteil variable Kosten
Materialeinzelkosten	531.478	0	531.478
Fertigungseinzelkosten	235.239	0	235.239
Sondereinzelkosten der Fertigung	50.275	0	50.275
Sondereinzelkosten des Vertriebs	20.355	0	20.355
∑ Einzelkosten	**837.347**	**0**	**837.347**
Gehälter	379.421	368.000	11.421
Hilfslöhne	275.738	237.500	38.238
Energie	20.350	10.250	10.100
Reparaturen	10.650	525	10.125
Büromaterial	2.500	1.750	750
Steuern, Versicherungen und Abgaben	3.738	3.248	490
Abschreibungen	52.000	33.500	18.500
Zinsen	25.338	21.462	3.876
Wagnisse	7.000	500	6.500
∑ Gemeinkosten	**776.735**	**676.735**	**100.000**

Der Kostenartenplan bildet den **Abschluss** der Kostenartenrechnung in der einstufigen Deckungsbeitragsrechnung (**Direct Costing**).

3.2.2 Kostenstellenrechnung

Die Kostenstellenrechnung der einstufigen Deckungsbeitragsrechnung weist große Ähnlichkeiten zu anderen Kostenrechnungssystemen auf. Als Unterschied zur Vollkostenrechnung lässt sich anführen, dass **nur die variablen Kosten** auf die betrieblichen Leistungen verrechnet werden.

Die Kostenstellenbildung sollte nach Möglichkeit so erfolgen, dass ein **Bezug zu einem Erzeugnis** oder zu einer Erzeugnisgruppe vorhanden ist. Als schwierig erweist sich das Problem der Verrechnung der variablen Kosten über die Kostenstellen auf die Kostenträger.

Zunächst können die **variablen Einzelkosten**, wie in der Vollkostenrechnung auch, den **Kostenträgern** zugeordnet werden.

Dann werden die **fixen Gemeinkosten** den **Kostenstellen** zugeordnet. Sofern eine willkürfreie Zuordnung möglich ist, geschieht dies in direkter Form (z.B. Gehalt eines Kostenstellenleiters); ansonsten werden die fixen Gemeinkosten **über Schlüssel** verteilt (z.B. Abschreibungen auf Gebäude). Da die fixen Gemeinkosten in der Kostenträgerrechnung nicht übernommen werden, ist eine Weiterverrechnung dieser Kosten entbehrlich.

Die verbleibenden **variablen Gemeinkosten** sind zunächst einmal den **Kostenstellen** zuzuordnen. Im Anschluss erfolgt ggf. eine innerbetriebliche Leistungsverrechnung zwischen den Hilfskostenstellen sowie die Weiterverrechnung auf die Hauptkostenstellen.

Beispiel: Nachfolgend werden nach dem Stufenleiterverfahren die variablen Gemeinkosten zweier Hilfskostenstellen auf vier Hauptkostenstellen verrechnet:

BAB	Hilfskostenstellen				Hauptkostenstellen							
Wert in T€	Strom		Reparatur		Material		Fertigung		Verwaltung		Vertrieb	
	var.	fix	var.	fix	var.	fix	var.	fix	var.	fix	var.	fix
∑ prim. GK	5	5	12	6	6	8	3	7	0	13	2	8
Umlage Strom	–	–	0,8	–	1,2	–	2	–	0,5	–	0,5	–
Umlage Repar.	–	–	–	–	2,6	–	8	–	1	–	1,2	–
∑ sek. GK	0	5	0	6	9,8	8	13	7	1,5	13	3,7	8

Im Ergebnis werden nur die variablen Gemeinkosten auf die Hauptkostenstellen weiterverrechnet. Auf den Hauptkostenstellen werden die variablen Gemeinkosten gesammelt und den betreffenden variablen Einzelkosten zugeschlagen. Die fixen Gemeinkosten hingegen verbleiben als primäre Gemeinkosten auf den jeweiligen Kostenstellen und werden später als Block in der Kostenträgerrechnung verrechnet.

Im Anschluss sind die **Zuschlagssätze** für die variablen Gemeinkosten auf den Hauptkostenstellen zu **ermitteln**:

$$\text{Variabler Gemeinkostenzuschlagssatz der Kostenstelle i} = \frac{\text{variable Gemeinkosten der Kostenstelle i}}{\text{Bezugsgröße der Kostenstelle i}}$$

Beispiel: Ermittlung des Zuschlagssatzes in der Kostenstelle I:

Kostenart	Kostenbetrag	davon variabel	davon fix
Hilfslöhne	30.000	3.500	26.500
Gehälter	2.100	0	2.100
Hilfsstoffe	3.000	1.400	1.600
Abschreibungen	5.000	2.200	2.800
Energiekosten	2.200	1.100	1.100
Raumkosten	900	0	900
Sonstige Kosten	3.200	1.400	1.800
Gesamt	46.400	9.600	36.800

Als Bezugsgröße werden in diesem Beispiel die geleisteten Fertigungsstunden in Höhe von 1.600 Stunden gewählt. Der variable Gemeinkostenzuschlagssatz beträgt dann:
Variabler Gemeinkostenzuschlagssatz = 9.600 € / 1.600 h = 6 €/h

Die **Fixkosten** (fixen Gemeinkosten) werden lediglich an den **Kostenstellen gesammelt** und spielen für die Ermittlung der Zuschlagssätze keine Rolle. Nur im Rahmen der noch zu behandelnden Betriebsergebnisrechnung finden die Fixkosten Berücksichtigung und werden letztlich als Block von den Deckungsbeiträgen der Erzeugnisse abgezogen.

3.2.3 Kostenträgerstückrechnung

Bei der einstufigen Deckungsbeitragsrechnung werden lediglich die **variablen Kosten** auf die **Kostenträger** verrechnet. Durch Gegenüberstellung mit dem Angebotspreis ergibt sich der **Deckungsbeitrag pro Stück**:

$$db = p - k_v$$

Mithilfe des ermittelten Deckungsbeitrages lassen sich insbesondere kurzfristige betriebswirtschaftliche Entscheidungen treffen, worauf im weiteren Verlauf noch eingegangen wird. Die obige Rechnung setzt aber einen bereits bekannten Angebotspreis voraus. Insofern stellt sich also zunächst die Frage der Ermittlung des Angebotspreises. Dieser ist u.a. abhängig von:

- der Höhe der zu verteilenden Fixkosten,
- der Höhe des geplanten Gewinns,
- der Höhe der geplanten Produktions- und Absatzmengen,
- den Marktverhältnissen.

Die Kalkulation des Angebotspreises erfolgt dann als Aufschlag des angestrebten Deckungsbeitrages auf die variablen Kosten. Darüber hinaus kann der Deckungsbeitrag auch als Abschlag vom Angebotspreis vorgenommen werden.

Die Kalkulation mit **absoluten Deckungsbeitragsaufschlägen** erfolgt rechnerisch:

$$p = \frac{K_v + DB}{x}$$

Beispiel: Die variablen Kosten eines Produktes betragen pro Periode 780.000 €; als Deckungsbeitrag wurden 270.000 € ermittelt. Die produzierte und abgesetzte Menge beträgt 350 Stück. Somit ergibt sich folgender Angebotspreis:

$$p = \frac{780.000\ € + 270.000\ €}{350\ \text{Stück}} = 3.000\ €/\text{Stück}$$

Die Kalkulation mit **prozentualen Deckungsbeitragsaufschlägen** erfolgt so:

$ZS = DB/K_v$ bzw. $ZS = db/k_v$

(mit: ZS = Deckungszuschlagssatz)

Der Angebotspreis ergibt sich dann:

$p = k_v + k_v \cdot ZS$ bzw. $p = k_v\,(1 + ZS)$ oder $p = (k_{ve} + k_{vg})\,(1 + ZS)$

(mit: k_{ve} = variable Einzelkosten pro Stück, k_{vg} = variable Gemeinkosten pro Stück, ZS = Deckungszuschlagssatz)

Beispiel: Ein Produkt hat in der vergangenen Periode variable Kosten von 30.000 € verursacht und dabei einen Deckungsbeitrag von 15.000 € erzielt. Die variablen Stückkosten betragen 60 €.
Die Rechnung ergibt, dass der Angebotspreis hier 90 € beträgt:

$$ZS = 15.000\ €/30.000\ € = 0{,}5 = 50\%$$
$$p = 60\ € + (60\ € \cdot 0{,}5) = 90\ €$$

Die Kalkulation als **prozentualer Deckungsbeitrag vom Verkaufspreis** (Deckungsfaktor) erfolgt rechnerisch:

Deckungsfaktor = DB/U bzw. db/p
(mit: U = Umsatzerlöse)

Beispiel: Die variablen Kosten einer Periode betragen 40.000 € bei einem Deckungsbeitrag von 10.000 €. Die produzierte und abgesetzte Menge beläuft sich auf 200 Stück. Als Deckungsfaktor wird berechnet:
Deckungsfaktor = 10.000 € / 50.000 € = 20 %
Dieser Deckungsfaktor sagt Folgendes aus: 20 % der Erlöse sind zur Deckung der Fixkosten und zur Gewinnerzielung erforderlich.

Folglich stellen 80 % (1 – Deckungsfaktor) des Verkaufspreises (der Umsatzerlöse) die variablen Kosten pro Stück (insgesamt) dar.

kv = 40.000 € / 200 = 200 €

p = 200 € / 0,8 = 250 €

Bei dieser Berechnung ist der Angebotspreis bereits vorgegeben, entweder durch andere Rechnungen oder als ein vom Markt determiniertes Datum.

3.2.4 Kostenträgerzeitrechnung

Kernstück der einstufigen Deckungsbeitragsrechnung ist die **Ermittlung des Betriebserfolges**, wobei die Ermittlung üblicherweise nach dem Umsatzkostenverfahren vorgenommen wird. Dabei werden von den Umsatzerlösen die variablen Kosten in Abzug gebracht. Als Ergebnis verbleibt der gesamte Deckungsbeitrag, der zur Deckung der Fixkosten beitragen soll.

Nach folgendem Schema wird der Betriebserfolg ermittelt:

	Umsatzerlöse
–	variable Kosten der abgesetzten Erzeugnisse
=	gesamter Deckungsbeitrag der Periode
–	Fixkosten der Periode
=	Betriebsergebnis

Beispiel: In einem Betrieb sind folgende Gemeinkosten an den betreffenden Kostenstellen angefallen:

Kostenstelle	Material			Fertigung			Verwaltung			Vertrieb		
GK	fix	var.	∑	fix	var.	∑	fix	var.	∑	fix	var.	∑
Werte in T€	37	17	54	12	24	36	82	0	82	28,8	74,2	103

An weiteren Daten stehen zur Verfügung:

Umsatzerlöse:	625.000 €
Bestandsveränderungen:	0 €
Materialeinzelkosten:	170.000 €
Fertigungseinzelkosten:	160.000 €

Die einstufige Deckungsbeitragsrechnung wird folgendermaßen entwickelt:

	Materialeinzelkosten	170.000
+	variable Material-GK (10 %)	17.000
+	Fertigungs-EK	160.000
+	variable Fertigungs-GK (15 %)	24.000
=	variable Herstellkosten	371.000
+	variable Vertriebs-GK (20 %)	74.200
=	var. Kosten insgesamt	445.200

Und weiter:

	Umsatz	625.000
–	var. Kosten	445.200
=	Deckungsbeitrag	179.800
–	Fixkosten	159.800
=	Betriebsergebnis	20.000

Einen weiteren Aufschluss ergibt die Aufgliederung des Betriebsergebnisses nach Kostenträgern.

Aus dieser Rechnung werden die jeweiligen Deckungsbeiträge einzelner Erzeugnisse oder von Erzeugnisgruppen ersichtlich. Von der Summe der einzelnen Deckungsbeiträge werden dann die Fixkosten als Block subtrahiert.

Beispiel:

Produktarten	A	B	C	D	E	F
Umsatz	150.000	80.000	230.000	25.000	40.000	100.000
– var. Kosten	100.000	60.000	185.200	10.000	20.000	70.000
= Deckungsbeitr.	50.000	20.000	44.800	15.000	20.000	30.000
Gesamt	179.800					
– Fixkosten	159.800					
= Betriebsergebnis	20.000					

Da alle sechs Produkte einen positiven Deckungsbeitrag erzielen, ist die Fortsetzung der Produktion jedes einzelnen Artikels zweckmäßig.

3.2.5 Anwendungsgebiete der einstufigen Deckungsbeitragsrechnung

Die einstufige Deckungsbeitragsrechnung kann zur Lösung einer Reihe von betrieblichen Entscheidungsproblemen herangezogen werden, auf die wir im Folgenden eingehen.

3.2.5.1 Break-even-Analyse

Die Break-even-Analyse ist auch unter dem Begriff **Gewinnschwellenanalyse** bekannt. Sie ist ein Instrument der Gewinnplanung und -kontrolle. Der Break-even-Punkt (Gewinnschwelle) entspricht der Beschäftigungsmenge, bei der die gesamten Kosten den Erlösen entsprechen, womit der Gewinn also gleich null ist. Erst **nach dem Überschreiten der Gewinnschwelle** entsteht für den Betrieb ein **Gewinn**. Dagegen führt eine Beschäftigungsmenge zu Verlusten, die kleiner ist als die Break-even-Menge.

In einem Einproduktbetrieb ergibt sich zunächst folgende Ausgangssituation im Break-even-Punkt:

$U = K$
d.h. $p \cdot x = K_v + K_f$ bzw. $p \cdot x = k_v \cdot x + K_f$
(mit: U = Umsatzerlöse, K = Gesamtkosten)

Durch Umformung der obigen Gleichung kann der Break-even-Punkt nach Werteinheiten (**Break-even-Umsatz**) oder Mengeneinheiten (**Break-even-Menge**) berechnet werden:

Break-even-Umsatz = K_f / [1 – (k_v/p)]
Break-even-Menge = K_f / (p – k_v)

Abb. 3.3: Grafische Darstellung der Break-even-Analyse

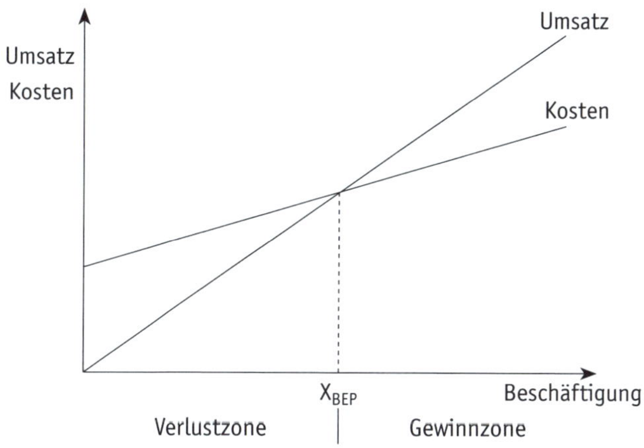

Beispiel: Die Fixkosten betragen 20.000 €. Ein Produkt, dessen Marktpreis 50 € beträgt, verursacht variable Stückkosten in Höhe von 40 €.

$$\text{Break-even-Umsatz} = \frac{20.000\ €}{1 - (40\ € / 50\ €)} = 100.000\ €$$

$$\text{Break-even-Menge} = \frac{20.000\ €}{50\ € - 40\ €} = 2.000\ \text{Stück}$$

Darüber hinaus kann mithilfe des **Sicherheitsabstandes** die momentane Umsatzsituation analysiert werden.

! Der Sicherheitsabstand gibt an, um wie viel Prozent die realisierten bzw. geplanten Umsatzerlöse zurückgehen können, bis der Break-even-Umsatz erreicht wird.

Beispiel: Es gilt die Kosten- und Umsatzfunktion des vorangegangenen Beispiels. In der nächsten Periode werden Umsatzerlöse in Höhe von 120.000 € erwartet. Dies entspricht einer Absatzmenge von 2.400 Stück (also 120.000 € / 50 €). In dieser Situation beträgt der Gewinn 4.000 € (also 120.000 € – 40 · 2.400 € – 20.000 €). Der Sicherheitsabstand kann entweder über den Umsatz oder anhand der Beschäftigung ermittelt werden (BE = Break-even):

- Sicherheitsabstand = $((U_{plan} - U_{BE}) / U_{plan}) \cdot 100\,\%$
  = ((120.000 € – 100.000 €) / 120.000 €) · 100 % = 16,67 % oder
- Sicherheitsabstand = $((X_{plan} - X_{BE}) / X_{plan}) \cdot 100\,\%$
  = ((2.400 – 2.000 / 2.400 €) · 100 % = 16,67 %

Der Umsatz (bzw. die Beschäftigung) kann also bis zu 16,67 % zurückgehen, ohne dass Verluste entstehen. Erst bei größeren Rückgängen wird die Verlustzone erreicht.

3.2.5.2 Preisuntergrenzen bei Zusatzaufträgen

Zusatzaufträge sind **kurzfristige Aufträge** von Kunden, die angenommen oder abgelehnt werden können. Bei der Bestimmung der Preisuntergrenze von Zusatzaufträgen sind **Fixkosten** zu **vernachlässigen**, da diese kurzfristig nicht abbaubar sind. Sofern im Betrieb eine Unterbeschäftigung vorliegt, d.h. freie Kapazitäten zur Verfügung stehen, wird der Zusatzauftrag angenommen, wenn ein positiver Deckungsbeitrag pro Stück erreicht wird. Sind die Kapazitäten bereits ausgelastet, so sind zusätzlich noch **Opportunitätskosten** zu berücksichtigen, da der Zusatzauftrag nur zulasten eines bereits vorhandenen Auftrages durchgeführt werden könnte.

Es gilt also:

- Die kurzfristige Preisuntergrenze **ohne Engpass** entspricht den variablen Kosten,
- die kurzfristige Preisuntergrenze **mit Engpass** entspricht den variablen Kosten + Opportunitätskosten.

Beispiel: Für einen Einprodukt-Betrieb liegen folgende Daten vor:

Variable Stückkosten:	30 €
Fixe Kosten:	10.000 €
Angebotspreis:	50 €
Fertigungs-/Absatzmenge:	800 Stück
Max. Fertigungskapazität:	1.000 Stück

1) Es besteht die Möglichkeit, 200 weitere Produkte zum Preis von 35 € pro Stück abzusetzen.
   Da der Preis die variablen Stückkosten übersteigt ($p - kv > 0$), wird im Falle noch freier Kapazitäten durch jedes zusätzlich abgesetzte Stück der Deckungsbeitrag (und damit der Gewinn) um 5 € erhöht.

2) Es besteht die Möglichkeit, einen zusätzlichen Auftrag über 250 Produkte zum Preis von 35 € pro Stück anzunehmen.
   In diesem Fall sind zusätzlich Opportunitätskosten ($(p - kv) \cdot x_{nicht}$) zu berücksichtigen, weil aufgrund der begrenzten Kapazität ein bereits vorhandener Auftrag in Höhe von 50 Stück ($= x_{nicht}$) nachträglich abgelehnt werden muss.
   Der zusätzliche Deckungsbeitrag beträgt: 5 € · 250 = 1.250 €.
   Dem stehen Opportunitätskosten in Höhe von 20 € · 50 = 1.000 € gegenüber.
   Da der Deckungsbeitrag höher ist als die Opportunitätskosten, verbessert sich durch die Annahme des Zusatzauftrages hier also die Gewinnsituation um 250 €.

3.2.5.3 Planung von Produktionsprogrammen

Zur **langfristigen Existenzsicherung** ist es für jeden Betrieb erforderlich, mindestens die **volle Deckung seiner gesamten Kosten** durch seine Absatzpreise zu erzielen. Dies bedeutet allerdings nicht, dass jeder einzelne Artikel unter Vollkostenaspekten zu betrachten ist, sondern das Produktionsprogramm insgesamt soll ein möglichst positives Ergebnis erzielen.

Unter **kurzfristigen Aspekten** ergibt sich die Forderung, dass der Preis eines Artikels **zumindest seine variablen Stückkosten decken** sollte. Auch Artikel, die unter Vollkostenaspekten Verluste einfahren, tragen zur Verbesserung des Betriebsergebnisses bei, sofern ihr Stück-Deckungsbeitrag positiv ist. Insofern wären Herausnahmen dieser Artikel aus dem Produktionsprogramm betriebswirtschaftlich falsch. Zur Verdeutlichung des Gedankenganges dient das folgende Beispiel:

Beispiel:

Produkt	Preis pro Stück	Vollkosten pro Stück	Var. Stückkosten
A	20	18	15
B	25	28	23
C	30	26	18
D	40	29	22

Die Fixkosten betragen 45.000 €.

Unter Vollkostenaspekten wäre der Artikel B zu eliminieren. Das Betriebsergebnis müsste sich dann um 3 € pro nicht verkaufter Einheit des Artikels B verbessern. Weil aber die Fixkosten kurzfristig nicht abbaubar sind, wäre eine unter Vollkostenaspekten getroffene Entscheidung falsch (Betriebsergebnis verschlechtert sich).

Eine richtige Entscheidung kann nur mithilfe der Teilkostenrechnung (Deckungsbeitragsrechnung) getroffen werden. Die Produktart B erbringt einen Stückdeckungsbeitrag von 2 €/Stück ($db = p - kv$, also 25 € – 23 €) und hilft somit, die ohnehin entstehenden fixen Kosten zu decken.

Die Beibehaltung des Artikels B trägt also zur Verbesserung des Betriebsergebnisses bei, weil sein Stückdeckungsbeitrag positiv ist.

Das **optimale Produktionsprogramm** ist davon abhängig, ob der Betrieb über genügend freie Kapazitäten verfügt oder ob **Fertigungsengpässe** existieren.

- Liegen **keine Engpässe** vor, werden **alle Produkte mit positivem Deckungsbeitrag** in das Programm aufgenommen mit ihrer jeweils absetzbaren Menge. Produkte mit negativen Deckungsbeiträgen werden eliminiert.

Beispiel: Wenn für die Produktart B im obigen Beispiel lediglich 21 € im Markt zu erzielen wären, so ist dieser Artikel auch unter kurzfristigen Gesichtspunkten zu eliminieren. Aus kostenrechnerischer Sicht verschlechtert sich das Betriebsergebnis um 2 € je abgesetzter Einheit des Artikels B. (Diesen Überlegungen können allerdings in der Praxis produktionstechnische oder absatzbedingte Gründe entgegenstehen.)

- Besteht im Betrieb ein **Engpass**, z.B. in der zur Verfügung stehenden Maschinenkapazität, so ist dieses Problem nur durch die **Errechnung so genannter relativer Deckungsbeiträge** lösbar. Ein relativer Deckungsbeitrag gibt an, in welchem Ausmaß ein Produkt den Engpass wirtschaftlich ausnutzt.

Beispiel: Ein Betrieb mit fixen Kosten in Höhe von 5.000 € fertigt vier Produkte auf einer Maschine, deren maximale Kapazität bei 25.000 Minuten je Abrechnungsperiode liegt.

Produktart	Stückpreis in €	Variable Stückkosten in €	Max. Absatz (Stück)	DB pro Stück in €	Produktionsdauer pro Stück (min)	Beanspruchte Kapazität (min)
A	5	3	2.000	2	2	4.000
B	4	1	1.000	3	4	4.000
C	8	4	2.500	4	5	12.500
D	7	3	1.500	4	3	4.500
						∑ 25.000

In der Ausgangsituation existiert kein Fertigungsengpass. Folglich können alle Produkte mit ihren maximal absetzbaren Mengen produziert werden. Damit ergibt sich folgende betriebliche Gewinnsituation:

Produktart	Umsatzerlöse in €	Variable Kosten in €	Deckungsbeitrag in €	Rang
A	10.000	6.000	4.000	3
B	4.000	1.000	3.000	4
C	20.000	10.000	10.000	1
D	10.500	4.500	6.000	2
			∑ 23.000	
			– 5.000 Fixkosten	
			= 18.000 Betriebserfolg	

Die Ausgangssituation ändert sich nachfolgend derart, dass die maximale Kapazität der Maschine auf 20.000 Minuten je Abrechnungsperiode beschränkt ist. Aufgrund des entstandenen Engpasses ist zur Entscheidungsfindung nun der relative Deckungsbeitrag (= Deckungsbeitrag pro Kapazitätseinheit) heranzuziehen.

$$\text{Relativer Deckungsbeitrag} = \frac{\text{Deckungsbeitrag pro Stück}}{\text{Produktionsdauer je Stück}}$$

Aus den vorliegenden Daten ergibt sich eine neue Rangfolge mit relativen Deckungsbeiträgen:

Produktart	DB pro Stück (€)	Produktionsdauer pro Stück (min)	Relativer DB (€/min)	Rang
A	2	2	1	2
B	3	4	0,75	4
C	4	5	0,80	3
D	4	3	1,33	1

Die Kapazitätsbegrenzung der Maschine führt zu folgendem betrieblichen Ergebnis:

Produkt	Rang	Beanspruchte Kapazität (min)	Deckungsbeitrag (€)
A	2	4.000	4.000
C	3	11.500	9.200
D	1	4.500	6.000
		∑ 20.000	∑ 19.200
			– 5.000 Fixkosten
			= 14.200 Betriebserfolg

Die Produkte A und D werden in maximal absetzbarer Stückzahl gefertigt. B wird eliminiert. Für Produkt C stehen lediglich Maschinenkapazitäten in Höhe von 11.500 min zur Verfügung.

Beim Vorliegen von mehreren Engpässen ist die Heranziehung von Verfahren der linearen Optimierung notwendig.

3.2.5.4 Planung von Produktionsverfahren

Wichtige betriebliche Entscheidungen sind im Bereich der **Wahl der Produktionsverfahren** zu treffen:

- Beim Vorliegen von **Überbeschäftigung** handelt es sich um eine Engpasssituation, die mithilfe von relativen Deckungsbeiträgen oder mittels der linearen Optimierung gelöst wird.
- Bei **Unterbeschäftigung** und der Substituierbarkeit alternativer Produktionsverfahren sind die Verfahren auszuwählen, welche die geringsten variablen Stückkosten verursachen bzw. den höchsten Deckungsbeitrag pro Stück bewirken.

Beispiel: Eine Produktart wird auf zwei unterschiedlichen Maschinen A und B gefertigt. Folgende Kostensituation ist gegeben:

	Variable Kosten	Fixkosten
Maschine A	20 €/Stück	5.000 €
Maschine B	15 €/Stück	10.000 €
		∑ = 15.000 €

Aufgrund eines Rückganges der Absatzmenge muss die Produktion verringert werden. Da die Fixkosten von 15.000 € kurzfristig nicht abbaubar sind, basiert die Entscheidungsfindung ausschließlich auf den variablen Kosten. Da die variablen Stückkosten bei Maschine A um 5 € höher ausfallen, sind zuerst die genutzten Fertigungskapazitäten dieser Maschine zurückzufahren.

3.2.5.5 Eigenfertigung oder Fremdbezug

Entscheidungen zwischen Eigenfertigung oder Fremdbezug (**make or buy**) sind in sämtlichen betrieblichen Funktionsbereichen zu treffen. Beispielhaft seien die folgenden Fragestellungen aufgeführt:

- Eigene Erstellung der Werbung oder Übertragung auf eine Agentur?
- Eigene Transportabteilung oder Einschaltung einer Spedition?
- Eigenerstellung des Rechnungswesens oder Einschaltung eines Steuerberaters?
- Eigene Kantine oder Cateringunternehmen?

Neben einer rein **kostenmäßigen Betrachtung** sind bei den o.g. Entscheidungen noch **weitere Kriterien** zu berücksichtigen. Dazu zählen u.a. die Qualität der eigenen sowie der fremden Leistungen, die eigenen technischen und finanziellen Möglichkeiten sowie die Abhängigkeit von Dritten im Falle der Fremdvergabe. Die weiteren Ausführungen beschränken sich allerdings auf eine rein kostenmäßige Betrachtungsweise.

Die Entscheidung make or buy im Fertigungsbereich hängt insbesondere davon ab, ob über bereits vorhandene eigene Produktionskapazitäten in ausreichendem Maße verfügt werden kann (**kurzfristige Optimierung**) oder ob zur Schaffung von weiteren Kapazitäten Investitionen getätigt werden müssen (langfristige Optimierung).

! Im Falle einer kurzfristigen Make-or-buy-Entscheidung werden lediglich die variablen Kosten berücksichtigt.

Die Fixkosten bleiben unberücksichtigt, da sie kurzfristig nicht veränderbar sind.

Bei **langfristiger Optimierung** hingegen ist eine andere Bewertung notwendig, weil je nach Planungshorizont nun auch Teile der Fixkosten, im Extremfall sogar alle, beeinflusst werden können. Somit berücksichtigt der langfristige Vergleich zwischen Eigenfertigung und Fremdbezug die variablen und die abbaubaren fixen Kosten auf der einen Seite und stellt sie den Beschaffungskosten des Fremdbezuges auf der anderen Seite gegenüber.

Beispiel: Eine Produktart wird bei Eigenfertigung wie folgt kalkuliert.

Materialeinzelkosten:	10 €	
Materialgemeinkosten:	4 €	(davon 25 % variabel)
Fertigungseinzelkosten:	6 €	
Fertigungsgemeinkosten:	4 €	(davon 50 % variabel)
Verwaltungsgemeinkosten:	1 €	(davon 10 % variabel)
Vertriebsgemeinkosten:	3 €	(davon 30 % variabel)
∑ = Selbstkosten:	28 €	

Alternativ kann ein gleichwertiges Erzeugnis von einem Lieferanten zu 20 € pro Stück fremdbezogen werden. Es soll nun eine Entscheidung über Eigenfertigung oder Fremdbezug getroffen werden, wenn

1) freie Produktionskapazitäten in ausreichendem Maße vorhanden sind,
2) Neuinvestitionen erforderlich sind, um zusätzliche Produktionskapazitäten in ausreichendem Maße zu schaffen.

Zu 1)
In dieser Entscheidungssituation, die für eine kurzfristige Betrachtungsweise typisch ist, sind die variablen Herstellkosten als Vergleichsmaßstab heranzuziehen. Die Verwaltungs- und Vertriebskosten sind nicht zu berücksichtigen, da sie auch bei Fremdbezug entstehen würden:

Materialeinzelkosten:	10 €
Variable Materialgemeinkosten:	1 €
Fertigungseinzelkosten:	6 €
Variable Fertigungsgemeinkosten:	2 €
∑ = Variable Herstellkosten:	19 €

Die variablen Herstellkosten sind mit dem Einstandspreis des Lieferanten zu vergleichen. Da Letzterer höher liegt, ist aus kostenrechnerischer Sicht die Eigenfertigung zu empfehlen.

Zu 2)
Reicht die Produktionskapazität auf den vorhandenen Anlagen nicht aus, so ist der Einstandspreis mit den vollen Herstellkosten zu vergleichen. Die Verwaltungs- und Vertriebskosten sind nicht zu berücksichtigen, weil sie auch bei Fremdbezug anfallen würden. Diese Entscheidungssituation ist typisch für eine langfristige Betrachtungsweise.

Materialeinzelkosten:	10 €
Materialgemeinkosten:	4 €
Fertigungseinzelkosten:	6 €
Fertigungsgemeinkosten:	4 €
∑ = Volle Herstellkosten:	24 €

In dieser Entscheidungssituation ist der Fremdbezug günstiger.

Das Beispiel verdeutlicht noch einmal, dass **Teilkosten** nur dann den geeigneten Bewertungsmaßstab darstellen, wenn der Vergleich von Eigenfertigung und Fremdbezug in **kurzfristiger** Hinsicht erfolgt. Dagegen ist ein **langfristiger** Vergleich auf der Basis von **Vollkosten** durchzuführen.

3.2.6 Beurteilung der einstufigen Deckungsbeitragsrechnung (Direct Costing)

Die Anwendbarkeit der einstufigen Deckungsbeitragsrechnung (Direct Costing) ist an bestimmte **Voraussetzungen** gebunden:

- Die realisierbaren Marktpreise der eigenen Produkte sind bekannt;
- linearer Gesamtkostenverlauf;
- Nichtberücksichtigung der Kostenremanenz, also des Phänomens, dass bestimmte Kosten bei sinkender Beschäftigung nicht in dem Maße sinken, wie sie bei steigender Beschäftigung zunehmen (Beispiel Fertigungslöhne aufgrund von Kündigungsschutz);
- Annahme, dass die Höhe der Fixkosten völlig unabhängig von der Beschäftigung ist (tatsächlich sind aber die Fixkosten lediglich innerhalb bestimmter Beschäftigungsintervalle konstant).

Vorteile des Direct Costing sind:

- Die Fehler der Vollkostenrechnung werden vermieden, weil eine willkürliche Zurechnung der Fixkosten auf die Kostenträger unterbleibt;
- relativ leichte Durchführbarkeit;
- gute Entscheidungsgrundlage für kurzfristige Entscheidungen (z.B. kurzfristige Preisentscheidungen, Bestimmung kurzfristiger Preisuntergrenzen, Programmgestaltung aufgrund von Deckungsbeiträgen).

Als **nachteilig** erweisen sich:

- Die Bewertung der Bestände ist nur zu Teilkosten möglich. Insofern sind zur Aufstellung der Steuerbilanz Sonderrechnungen notwendig, da ein Wertansatz zu Teilkosten lediglich handelsrechtlich zulässig ist;
- eine Kalkulation auf Basis von Teilkosten ist für langfristige Preisentscheidungen unbrauchbar und würde die Existenz des Betriebes gefährden;
- auf eine Ermittlung von Produktgewinnen wird verzichtet;
- die Nichtberücksichtigung der fixen Kosten (bzw. deren Verrechnung als Block) wird damit begründet, dass diese keine Kosten der Mengeneinheiten der einzelnen Produkte seien. Jedoch sind Teile der Fixkosten anderen Bezugsobjekten (Produkten, Produktgruppen, Bereichen) zurechenbar. Dieser Kritikpunkt hat zur Entstehung der mehrstufigen Deckungsbeitragsrechnung geführt.

3.3 Mehrstufige Deckungsbeitragsrechnung

Die **mehrstufige Deckungsbeitragsrechnung** (auch Fixkostendeckungsrechnung) unterscheidet sich von der einstufigen Variante dadurch, dass die **Fixkosten differenziert verrechnet** werden. Diese werden nicht als Block behandelt, sondern möglichst verursachungsgerecht auf verschiedene betriebliche Ebenen aufgeteilt.

> **!** Somit werden Fixkosten zu Einzelkosten der jeweiligen Bezugsbasis.

Anzahl und Bezeichnung der Ebenen hängen von den jeweiligen betrieblichen Besonderheiten ab. Üblicherweise werden zwischen **zwei und fünf Ebenen** zur Fixkostendifferenzierung verwendet.

Die unterste **Ebene** der Fixkostenverrechnung sind die **einzelnen Produkte**. Werden mehrere Produkte zusammengefasst, so bilden sich **Produktgruppen** heraus. Die nächsthöhere Ebene stellen **Warengruppen** dar. Darüber können als Aggregate **Sparten** stehen. Die Fixkosten, die keiner Ebene zuzuordnen sind, werden als **Unternehmensfixkosten** behandelt und sind von allen Produktgruppen zu tragen. Letztlich soll diese differenzierte Vorgehensweise tiefere Einblicke in die Erfolgsstruktur des Produktprogramms gewährleisten.

Innerhalb einer **dreistufigen Hierarchie** können folgende Fixkostenebenen gebildet werden:

- **Produktfixkosten** eines Erzeugnisses: Diese sind zwar nicht einem Stück allein zurechenbar, wohl aber der Gesamtzahl. Dazu zählen Forschungs- und Entwicklungskosten sowie Kosten für Spezialwerkzeuge. Weitere Produktfixkosten können Patentgebühren für das spezifische Erzeugnis sowie produktbezogene Werbemaßnahmen sein.
- **Produktgruppenfixkosten**: Diese lassen sich nur einer Erzeugnisgruppe eindeutig zuordnen. Hierzu zählen beispielsweise Forschungs- und Entwicklungskosten für mehrere zusammenhängende Erzeugnisse sowie die Miete für eine Werkhalle, in der mehrere Produktarten hergestellt werden.
- **Unternehmensfixkosten**: Diese lassen sich nicht den unteren Ebenen zuordnen, weil sie für mehrere Bereiche anfallen. Sie sind deshalb von allen Produktgruppen zu tragen. Beispiele für diesen Fixkostenrest sind Kosten der Unternehmensführung, Kosten von Stabsabteilungen sowie Kosten für PR-Maßnahmen.

Die mehrstufige Deckungsbeitragsrechnung setzt eine **Bildung von Produktgruppen** voraus. Besonders notwendig erscheint diese Maßnahme bei Betrieben mit hohem Fixkostenanteil und mit Erzeugnissen, die nur geringe Unterschiede untereinander aufweisen. Die Gruppierung sollte nach Möglichkeit **vertriebsorientiert** erfolgen. Dies gilt auch für die Bildung der Kostenstellen.

Am **Beispiel dreier Ebenen** ergibt sich die folgende **Betriebsergebnisrechnung**:

Beispiel: Dreistufige Deckungsbeitragsrechnung mit drei Produktgruppen und insgesamt sechs Produkten (Werte in T€):

Produktgruppen	I		II		III	
Produkte	**A**	**B**	**C**	**D**	**E**	**F**
Umsatzerlöse	12.500	15.800	21.300	18.600	10.800	13.400
– variable Kosten	8.300	14.700	20.500	16.200	8.500	11.300
= Deckungsbeitrag 1	4.200	1.100	800	2.400	2.300	2.100
– Produktfixkosten	350	50	50	150	200	100
= Deckungsbeitrag 2	3.850	1.050	750	2.250	2.100	2.000
– Produktgruppenfixkosten	1.200		1.500		2.500	
= Deckungsbeitrag 3	3.700		1.500		1.600	
– Unternehmensfixkosten			900			
= Betriebserfolg			5.900			

Die jeweiligen Fixkosten je Stufe können prozentual auf die variablen Kosten bezogen werden, sodass sich folgendes **Kalkulationsschema** herausbildet:

Abb. 3.4: Kostenträgerstückrechnung

	Variable Kosten
+	Produktfixkosten (in % von den variablen Kosten)
+	Produktgruppenfixkosten (in % von den variablen Kosten)
+	Unternehmensfixkosten (in % von den variablen Kosten)
+	Gewinnaufschlag
=	Angebotspreis

Diese Rechnung führt ggf. zu anderen Ergebnissen als die bereits behandelten Kalkulationsverfahren der Vollkostenrechnung. Allerdings beinhaltet sie in Analogie zur Vollkostenrechnung ähnliche **Kernprobleme**, nämlich die Schlüsselung sowie die Proportionalisierung der Fixkosten.

Gegenüber der einstufigen Deckungsbeitragsrechnung (Direct Costing) weist die mehrstufige Deckungsbeitragrechnung einige **Vorteile** auf, die aus der differenzierten Verrechnung der Fixkosten resultieren:

- Eine detaillierte Ermittlung stufenweiser Deckungsbeiträge wird ermöglicht, wobei auf die willkürliche Schlüsselung der Fixkosten verzichtet wird;
- Erweiterung der Entscheidungsmöglichkeiten im Vergleich zum Direct Costing (z.B. Schließung von Betriebsteilen, Erfolgsbeurteilung von Ergebnisverantwortlichen);
- eine detaillierte Überwachung der Fixkosten ist möglich, insbesondere der kurzfristig abbaubaren Fixkosten.

Die mehrstufige Deckungsbeitragsrechnung erweist sich in folgenden Punkten als **nachteilig**:

- Sie ist arbeitsaufwendiger als die einstufige Deckungsbeitragsrechnung (Direct Costing);
- eine gleichartige Gruppenbildung ist nur für räumlich getrennte Betriebsteile mit eigenständigen Produktionsprogrammen denkbar.

Eine weitere hierarchisch gegliederte Teilkostenrechnung hat sich in Form der **relativen Einzelkostenrechnung** herausgebildet.

Im Gegensatz zur mehrstufigen Deckungsbeitragsrechnung erfolgt jedoch eine Einteilung der Gesamtkosten in **Einzelkosten verschiedener betrieblicher Ebenen**. Das Ziel dieser Rechnung besteht darin, möglichst allen Kosten und Leistungen geeignete, also **verursachungsgerechte** Bezugsgrößen zuzuordnen.

Die Unterscheidung von Einzel- und Gemeinkosten ist bei dieser Rechnung **relativ**, weil sie in **Abhängigkeit zur betreffenden Bezugsgröße** steht.

Die jeweiligen Bezugsgrößen, denen relative Einzelkosten zugeordnet werden, sind in einer **Bezugsgrößenhierarchie** anzuordnen. Eine Verwendung mehrerer Bezugsgrößenhierarchien wäre problematisch, weil sie möglicherweise zu Doppelerfassungen von Kosten führen würden. Die Bezugsgrößenhierarchie kann z.B. objektbezogen (z.B. Einzelkosten des gesamten Produktionsbereiches, Einzelkosten des gesamten Absatzbereiches) oder zeitraumbezogen (z.B. Tageseinzelkosten, Monatseinzelkosten, Quartalseinzelkosten, Jahreseinzelkosten) erfolgen.

Die Auswertung erfolgt auf Basis der Zurechnungsobjekte, für die sich jeweils Deckungsbeiträge nach folgendem Ansatz bilden lassen:

Deckungsbeitrag = rel. Einzelleistungen – rel. Einzelkosten des Zurechnungsobjektes

Das Rechnen mit relativen Einzelkosten führt zu **vermehrten Kosteninformationen** im Betrieb, da neben den Kostenträgern auch andere Zurechnungsobjekte für Kostenentscheidungen ausgewertet werden. Dabei ist positiv hervorzuheben, dass im Sinne der Verursachungsgerechtigkeit eine **Schlüsselung der Gemeinkosten vermieden** wird.

Die **Operationalisierung** der Deckungsbeitragsrechnung mit relativen Einzelkosten ist jedoch recht **schwierig** und bereitet einen nicht unerheblichen Aufwand. So lassen sich in der Realität oftmals nicht alle Kosten als relative Einzelkosten bestimmten Bezugsgrößen zuordnen. Darüber hinaus weicht die **Terminologie** von den herkömmlichen Größen der Kosten- und Leistungsrechnung ab. Weiterhin fehlen Informationen zur **Bewertung von Beständen**, da eine genaue Erfassung der gesamten Herstellkosten eines Erzeugnisses nicht gegeben ist.

Aus diesen Gründen ist die **praktische Relevanz der relativen Einzelkostenrechnung gering**.

4 Zeitbezogene Kostenrechnungssysteme

Das Unterscheidungskriterium der bereits behandelten Systeme der Voll- und Teilkostenrechnung ist der **Umfang der Kostenverrechnung** auf die Bezugsobjekte. Eine weitere Systematisierung der Kostenrechnungssysteme ist nach dem **Zeitbezug** möglich. Demnach lassen sich differenzieren:

- Istkostenrechnung,
- Normalkostenrechnung,
- Plankostenrechnung.

Istkosten- und Normalkostenrechnungssysteme sind **vergangenheitsbezogen**. Dagegen bezieht sich die **Plankostenrechnung** auf geplante **zukünftige** Kosten, wobei spätere Kontrollen von Istkosten vorgenommen werden können.

! Grundsätzlich sind Ist-, Normal- und Plankostenrechnungen sowohl auf Vollkostenbasis als auch auf Teilkostenbasis durchführbar.

4.1 Istkostenrechnung

Die Istkostenrechnung erfasst die tatsächlich angefallenen Kosten und verrechnet sie auf die Kostenstellen und Kostenträger im Rahmen der Nachkalkulation. Der Grundgedanke der Istkostenrechnung besteht darin, **möglichst Istwerte** anzusetzen.

Istkosten = Istmenge · Istpreis

Ein konsequent durchgehender Ansatz von Istwerten ist jedoch praktisch kaum möglich (Beispiel kalkulatorische Kosten).

Mit der Istkostenrechnung wird festgestellt, welche Kosten für die einzelnen Kostenträger oder sonstigen Bezugsobjekte in der Abrechnungsperiode entstanden sind, sie ist also eine **vergangenheitsbezogene** Rechnung. **Kostenschwankungen**, z.B. aufgrund von veränderten Beschaffungspreisen, gehen bei der Istkostenrechnung **in vollem Umfang** ein.

Die Istkostenrechnung kann mit den bereits dargestellten Systemen der Voll- und Teilkostenrechnung betrieben werden. Zwar kann mit der Istkostenrechnung der tatsächliche Kostenanfall festgestellt werden. Allerdings eignet sich diese Rechnung nur eingeschränkt zur Kostenkontrolle sowie als Planungsgrundlage, da sich die Umfeldbedingungen, insbesondere die Beschäftigungsmengen, von Periode zu Periode verändern.

4.2 Normalkostenrechnung

Die Normalkostenrechnung stellt eine Weiterentwicklung der Istkostenrechnung dar. Die in der Istkostenrechnung eingesetzten, periodisch schwankenden Istkosten werden durch **konstante Normalkosten** ersetzt.

Normalkosten sind **Durchschnittswerte**, die sich aus den in vergangenen Perioden angefallenen Istkosten ergeben. Darüber hinaus beziehen sie sich auf eine durchschnittliche Auslastung der Kapazität (Normalbeschäftigung). Mittels der Durchschnittsbildung werden Besonderheiten aus einzelnen vergangenen Perioden geglättet.

Ebenso wie die Istkostenrechnung ist die Normalkostenrechnung vergangenheitsbezogen.

Normalkosten = Normalmenge · Normalpreis

Die **Vorzüge** der Normalkostenrechnung sind:
- Eliminierung von Zufallsschwankungen bei den Kosten,
- eingeschränkte Kostenkontrolle möglich, indem Über- bzw. Unterbeschäftigungen berechnet werden, die sich aus der Differenz zwischen Normal- und Istkosten ergeben.

Als **Nachteile** stehen gegenüber:
- Eine exakte Nachkalkulation ist wegen normalisierter Kalkulationssätze nicht mehr möglich;
- geringe Eignung als Entscheidungsgrundlage, da Fehlentscheidungen möglich.

Zur **Kostenkontrolle** werden die Ist-Zuschlagssätze mit den Normal-Zuschlagssätzen der abgelaufenen Periode verglichen. Darauf aufbauend lassen sich Über- bzw. Unterdeckungen ermitteln:
- **Kostenüberdeckung: Normal-Gemeinkosten > Ist-Gemeinkosten:** Überdeckungen bedeuten, dass pro Einheit einer Bezugsgröße weniger Gemeinkosten angefallen sind als geplant (Normal-Gemeinkosten – Ist-Gemeinkosten > 0). Dies wird als **Ergebnisverbesserung** gewertet.
- **Kostenunterdeckung: Normal-Gemeinkosten < Ist-Gemeinkosten:** Unterdeckungen bedeuten, dass pro Einheit einer Bezugsgröße mehr Gemeinkosten angefallen sind als geplant (Normal-Gemeinkosten – Ist-Gemeinkosten < 0). Dies wird als **Ergebnisverschlechterung** gewertet.

Entsprechen sich Normal-Gemeinkosten und Ist-Gemeinkosten, so liegt eine **Kostendeckung** vor. Sofern außergewöhnlich hohe Abweichungen entstanden sind, ist eine Ursachenanalyse vorzunehmen.

Beispiel:

Materialeinzelkosten: 250.000 €

Fertigungseinzelkosten: 220.000 €

BAB inklusive Kostenabweichungen:

Kostenstellen	Material		Fertigung		Verwaltung		Vertrieb	
	€	%	€	%	€	%	€	%
Ist-GK	96.000	38,4	165.000	75	153.510	21	116.960	16
Normal-GK	100.000	40	176.000	80	149.200	20	111.900	15
Überdeckung	4.000		11.000					
Unterdeckung					4.310		5.060	

Summe der Ist-Gemeinkosten:	531.470 €
Summe der Normal-Gemeinkosten:	537.100 €
Überdeckung:	5.630 €

Zusammensetzung der Überdeckung:
4.000 € + 11.000 € – 4.310 € – 5.060 € = 5.630 €

Die **Verbreitung** der Normalkostenrechnung ist allerdings in der betrieblichen Praxis eher **gering**.

4.3 Plankostenrechnung

In ihrem formalen Aufbau stimmen Plankostenrechnung und Istkostenrechnung überein. D.h., auch in der Plankostenrechnung ist zwischen Kostenartenrechnung, Kostenstellenrechnung und Kostenträgerrechnung zu differenzieren. Allerdings ergeben sich Unterschiede bezüglich des Zeitbezuges der Kosten.

Die Plankostenrechnung ist ein Verfahren zur Bestimmung von Kostenvorgaben, die bei planmäßigem Betriebsablauf als erreichbar angesehen werden. Später erfolgt ein Vergleich zwischen Plankosten mit den tatsächlich angefallenen Kosten (Istkosten).

Es ergeben sich folgende **Einsatzschwerpunkte**:
- Vorkalkulation der betrieblichen Leistungen,
- Darlegung der kostenmäßigen Konsequenzen von Entscheidungsalternativen (Planungsgrundlage),
- Maßnahmenplanung,
- Wirtschaftlichkeitskontrolle durch Soll-Ist-Vergleich,
- Erstellung von Abweichungsanalysen.

Plankosten werden im Voraus festgelegt und haben **Vorgabecharakter**. Basis der Festlegung ist eine bestimmte Leistungsmenge für einen zukünftigen Zeitraum auf der Grundlage eines geplanten Faktorverbrauchs und geplanter Faktorpreise.

Für die weiteren Berechnungen ist also zunächst die **Planbeschäftigung** festzulegen. Daraus ergeben sich für die benötigten Produktionsfaktoren **Planmengen**, die jeweils mit **Planpreisen** zu bewerten sind. Üblicherweise werden die Einzelkosten je Kostenträger und die Gemeinkosten je Kostenstelle geplant.

Plankosten = Planpreise · Planmengen

Innerhalb der Plankostenrechnung können folgende **Systeme** unterschieden werden:
- starre Plankostenrechnung,
- flexible Plankostenrechnung auf Vollkostenbasis,
- flexible Plankostenrechnung auf Teilkostenbasis (Grenzplankostenrechnung).

4.3.1 Starre Plankostenrechnung

Die starre Plankostenrechnung ermittelt für jede Kostenstelle bei einem bestimmten Beschäftigungsgrad (Planbeschäftigung) die Plankosten. Alle anderen Größen, wie Seriengröße, Intensitäten und Werkstoffqualitäten, werden konstant gehalten, bleiben also starr. Die Division der gesamten Plankosten durch die Planbeschäftigung ergibt einen Planverrechnungssatz (Planstückkosten).

Zunächst sind zur Messung der Beschäftigung **Bezugsgrößen** festzulegen, zu denen sich die Kostenarten möglichst **proportional** verhalten. Oftmals sind für die Kostenplanung mehrere Bezugsgrößen pro Kostenstelle erforderlich. Mögliche Bezugsgrößen sind:

- geleistete Fertigungsstunden,
- Maschinenstunden,
- Lohnkosten,
- Stückzahlen usw.

Schwierig ist die Bestimmung von Bezugsgrößen im Verwaltungs- und Vertriebsbereich, weil deren Leistungen mengenmäßig schwer messbar sind.

Weiterhin ist die **Planbeschäftigung** von der **Istbeschäftigung** abzugrenzen: Während sich die Istbeschäftigung auf die tatsächliche Ausbringungsmenge während einer Periode bezieht, handelt es sich bei der Planbeschäftigung um die geplante bzw. vorgegebene Ausbringung. Die Höhe der Planbeschäftigung (Vollbeschäftigung) orientiert sich beispielsweise an der Kapazitätsgrenze der Produktionsanlagen, an Engpassstellen oder an marktlichen Erwartungswerten.

Plankosten (der Planmenge) sind die vorgegebenen Kosten auf der Basis einer geplanten Beschäftigung, ermittelt durch die Multiplikation von Planmenge und Planpreisen der dazu benötigten Produktionsfaktoren.

! Plankosten sind demnach geplante Gesamtkosten der Planperiode bei Planbeschäftigung.

Der Quotient aus Plankosten und Planbeschäftigung ergibt den **Planverrechnungssatz**, d.h. die Plankosten einer Bezugsgrößeneinheit (Planstückkosten).

$$\text{Planverrechnungssatz} = \frac{\text{Plankosten (der Planbeschäftigung)}}{\text{Planbeschäftigung}}$$

Beispiel: In der Kostenstelle Fertigung sind für die kommende Periode Plankosten in Höhe von 40.000 € vorgesehen. Die geplante Beschäftigung beträgt 800 Stück. Daraus ergibt sich ein Planverrechnungssatz von 50 € je Stück.

Verrechnete Plankosten ergeben sich, indem der Planverrechnungssatz mit der Istbeschäftigung multipliziert wird:

$$\text{Verrechnete Plankosten (der Istbeschäftigung)} = \text{Planverrechnungssatz} \cdot \text{Istbeschäftigung}$$

Beispiel: Statt der geplanten 800 Stück werden in der Abrechnungsperiode tatsächlich nur 700 Stück gefertigt. Es ergeben sich folgende verrechnete Plankosten:
Verrechnete Plankosten = 50 €/Stück · 700 Stück = 35.000 €

Durch einen Vergleich der für die tatsächlich erzeugte Menge angefallenen Istkosten und der verrechneten Plankosten lassen sich **Kostenabweichungen** feststellen:

	Istkosten der Istbeschäftigung
–	verrechnete Plankosten der Istbeschäftigung
=	Kostenabweichung der Istbeschäftigung

Beispiel: Es gelten die Kosteninformationen der beiden vorangegangenen Beispiele. Für die gefertigten 700 Stück sind Istkosten in Höhe von 38.000 € angefallen. Im Rahmen der starren Plankostenrechnung wird folgende Kostenabweichung berechnet:

	Istkosten der Istbeschäftigung:	38.000 €
–	verrechnete Plankosten der Istbeschäftigung:	35.000 €
=	Kostenabweichung der Istbeschäftigung:	3.000 €

Die ermittelte Kostenabweichung in Höhe von 3.000 € ist allerdings wenig aussagefähig, da eine völlige Proportionalität zwischen Plankosten und Planbeschäftigung nicht realistisch erscheint.

Abb. 4.1: Plankosten im System der starren Plankostenrechnung

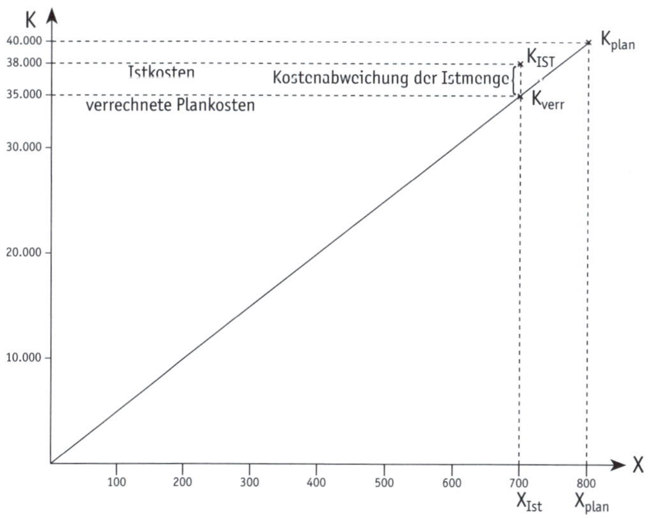

Mögliche Abweichungsursachen sind:
- die Veränderung der Beschäftigung,
- gestiegene Faktorpreise und/oder
- ein höherer Verbrauch der Einsatzfaktoren.

Eine differenziertere Abweichungsanalyse ist jedoch mittels der starren Plankostenrechnung nicht möglich. Hierzu sind weitere Rechnungen im Rahmen der flexiblen Plankostenrechnung notwendig.

Die Umrechnung des Planverrechnungssatzes auf die Istmenge erfolgt im Rahmen der starren Plankostenrechnung unter der **Annahme, dass sich alle Kostenarten gegenüber Beschäftigungsänderungen anpassen**. Somit werden also komplett variable Kosten unterstellt. Von dieser Voraussetzung kann allerdings in der Praxis nicht ausgegangen werden, da ein Teil der Kosten beschäftigungsunabhängig ist (Fixkosten). Bei einer Abweichung von Istbeschäftigung und Planbeschäftigung dürfen Fixkosten nicht proportional zur Beschäftigungsabweichung verändert werden.

Deshalb sollte bei der Anwendung der starren Plankostenrechnung die Abweichung von der Planbeschäftigung zur Istbeschäftigung gering und der Anteil der fixen Kosten an den Gesamtkosten niedrig sein. Die **starre Plankostenrechnung** wird in der Praxis insbesondere **bei geringen Beschäftigungsschwankungen** eingesetzt. Bei größeren Beschäftigungsschwankungen empfiehlt sich jedoch die flexible Plankostenrechnung.

4.3.2 Flexible Plankostenrechnung

Eine aussagefähige Kostenkontrolle soll die tatsächlichen Kostenabweichungen zwischen Vorgabewerten und Istwerten ermitteln. Deshalb haben sich Verfahren etabliert, die **Planvorgaben für alternative Beschäftigungssituationen** berechnen. Auf diesem Grundgedanken basiert die flexible Plankostenrechnung.

Anstelle der Vorgabe von verrechneten Plankosten mittels starren Planverrechnungssätzen pro Stück ist es daher notwendig, die Gesamtkosten des Betriebes bzw. der **Kostenstelle in fixe und variable Bestandteile aufzuspalten**. Das Ergebnis stellen die so genannten Sollkosten dar. **Sollkosten** werden auch als geplante Gesamtkosten der Istbeschäftigung bezeichnet.

$$\text{Sollkosten} = \frac{\text{variable Plankosten} \cdot \text{Istbeschäftigung}}{\text{Planbeschäftigung}} + \text{fixe Plankosten}$$

Die **unterschiedlichen Verläufe** zwischen den **verrechneten Plankosten** mittels starrer Planverrechnungssätze und den **Sollkosten** werden nachstehend aufgezeigt.

Anhand der Abbildung sind Abweichungen ablesbar, die sich als Differenzen zwischen Plan- und Istwerten ergeben.

Zwischen den Sollkosten und den verrechneten Plankosten ergeben sich Differenzen, die als **Beschäftigungsabweichung** interpretiert werden. Der Unterschied wird durch die Proportionalisierung der Fixkosten in Höhe der erfolgten Beschäftigungsdifferenz zwischen Plan- und Istmenge bestimmt. Sofern Plan- und Istbeschäftigung übereinstimmen, ist die Beschäftigungsabweichung gleich null.

Abb. 4.2: Flexible Plankostenrechnung auf Vollkostenbasis

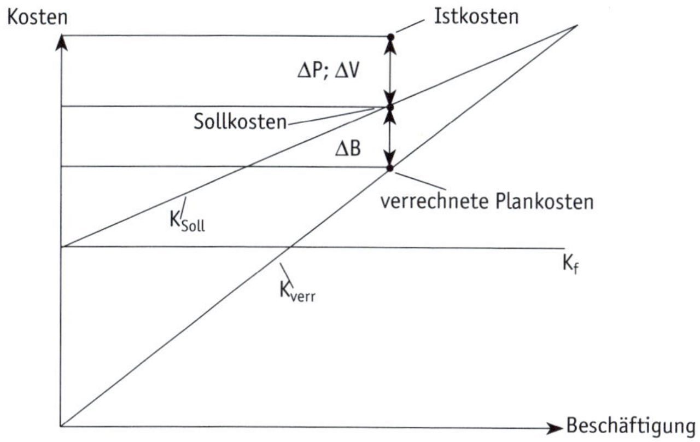

(mit: ΔP = Preisabweichung, ΔV = Verbrauchsabweichung, ΔB = Beschäftigungsabweichung)

Die Beschäftigungsabweichung ist kein geeigneter Maßstab zur Beurteilung der jeweiligen Verantwortlichen, da sie nicht auf Unwirtschaftlichkeiten des betreffenden Verantwortungsbereiches zurückzuführen ist.

> **!** **Die Differenz zwischen Ist- und Sollkosten ergibt die Kostenabweichung der Istbeschäftigung.**

Nach Ermittlung dieser Abweichung sind deren Ursachen zu analysieren, nämlich:
- **Preisabweichungen** (veränderte Preise der Einsatzfaktoren)
- und/oder **Verbrauchsabweichungen** (veränderte Verbrauchsmengen der Einsatzfaktoren).

Zunächst ist also die **Höhe der Kostenabweichung** der Istbeschäftigung zu **ermitteln**, indem man die Sollkosten von den Istkosten subtrahiert.

Danach werden die **Einsatzfaktoren auf Preisveränderungen hin untersucht**. Wird die Kostenabweichung der Istbeschäftigung durch die Preisabweichungen der Einsatzfaktoren eliminiert, resultiert daraus die **Verbrauchsabweichung**.

> **!** **Die Gesamtabweichung setzt sich also aus Beschäftigungs-, Preis- und Verbrauchsabweichung zusammen.**

Im **Zentrum** der internen Produktivitätskontrolle steht die **Verbrauchsabweichung**. Für sie haben die jeweiligen Verantwortlichen Rechenschaft abzulegen. Nachstehend wird die Abweichungsanalyse noch einmal zusammengefasst:

Abb. 4.3: Abweichungsanalyse

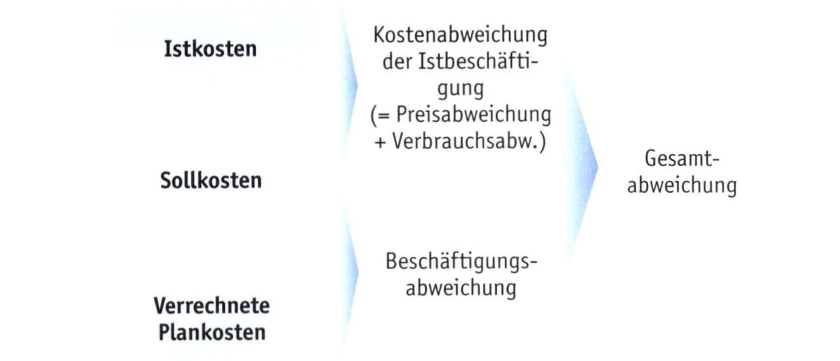

Beispiel: Bei einer Planbeschäftigung von 800 Stück ergeben sich Plankosten in Höhe von 40.000 €, davon sind 16.000 € fix. Tatsächlich wurden jedoch lediglich 700 Stück verarbeitet, wobei Istkosten in Höhe von 38.000 € angefallen sind.

$$\text{Sollkosten} = \frac{24.000\ € \cdot 700}{800} + 16.000\ € = 21.000\ € + 16.000\ € = 37.000\ €$$

Die Gesamtabweichung in Höhe von 3.000 € lässt sich differenzieren:
Beschäftigungsabweichung = 37.000 € – 35.000 € = 2.000 €
Kostenabweichung der Istbesch. = 38.000 € – 37.000 € = 1.000 €

Die Kostenabweichung der Istbeschäftigung kann auf gestiegenen Faktorpreisen sowie auf erhöhten Verbrauchsmengen beruhen.
Eine Überprüfung der Faktorpreise ergibt, dass in der Abrechnungsperiode die Fertigungslöhne auf 10,50 € gestiegen sind gegenüber einem geplanten Wert in Höhe von 10 €.
Für ein hergestelltes Produkt werden zwei Fertigungsstunden benötigt.

Preisabweichung = 0,50 € · 2 · 700 = 700 €

Damit ergibt sich als Verbrauchsabweichung ein Wert von 300 €, für die die Kostenstellenleitung verantwortlich ist.

Die flexible Plankostenrechnung ist eine **gute Grundlage für preispolitische Entscheidungen**, weil die Kalkulationsgenauigkeit verbessert wird. Darüber hinaus können für Kostenstellenleiter brauchbare Vorgabewerte ermittelt werden. Durch differenzierte Abweichungsanalysen wird eine **aussagefähige Kostenkontrolle** möglich.

Dem steht vor allem das **Fixkostenproblem** gegenüber, sodass beispielsweise Fehlentscheidungen bei Vorkalkulationen im Falle von abweichenden Beschäftigungsgraden zwischen Planmenge und Istmenge zu erwarten sind. Darüber hinaus verhalten sich nicht alle variablen Kosten proportional zu einer gewählten Bezugsgröße.

Durch Verwendung mehrerer Bezugsgrößen kann dieses Problem aber vermieden werden.

Abb. 4.4: Flexible Plankostenrechnung auf Vollkostenbasis mit den Beispielwerten

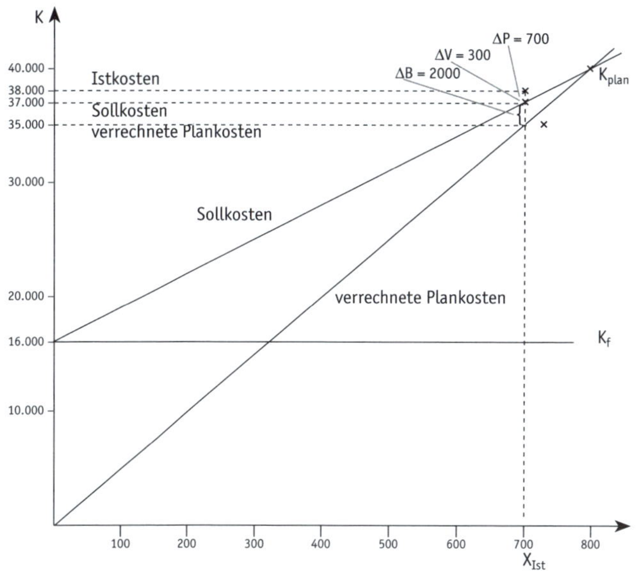

4.3.3 Grenzplankostenrechnung

Die Grenzplankostenrechnung ist eine **flexible Plankostenrechnung auf Teilkostenbasis** und stellt eine Weiterentwicklung der Deckungsbeitragsrechnung dar. Im Unterschied zur Deckungsbeitragsrechnung werden anstelle von Istwerten jedoch Planwerte verwendet.

Der Aufbau und der Ablauf der Grenzplankostenrechnung ist analog zur flexiblen Plankostenrechnung auf Vollkostenbasis. Allerdings verzichtet die Grenzplankostenrechnung auf die Einbeziehung fixer Kosten, sodass die Planungsrechnungen **ausschließlich** auf der Basis **variabler Kosten** vorgenommen werden.

Im Rahmen der Kostenartenrechnung sind die fixen Kosten von den variablen zu trennen. Es folgt eine Weiterverrechnung der variablen Kosten auf die Kostenstellen und die Kostenträger. Zur Vorgabe eines **kurzfristigen Betriebserfolges** (KER) gehen die **Fixkosten als Block** ein.

Zur Ermittlung des **(Grenz-)Planverrechnungssatzes** werden lediglich die variablen Plankosten herangezogen:

$$\text{Planverrechnungssatz} = \frac{\text{variable Plankosten}}{\text{Planbeschäftigung}}$$

Mithilfe des Planverrechnungssatzes lassen sich die verrechneten Plankosten und die Sollkosten bestimmen:

Verrechnete Plankosten = Planverrechnungssatz · Istbeschäftigung
Sollkosten = Planverrechnungssatz · Istbeschäftigung

Das bedeutet: Im Rahmen der Grenzplankostenrechnung verlaufen die **verrechneten Plankosten** und die **Sollkosten identisch**.

! Die Beschäftigungsabweichung ist also hier immer null, da in die Betrachtung keine Fixkosten miteinbezogen werden.

Diese Zusammenhänge werden noch einmal verdeutlicht:

Abb. 4.5: Grenzplankostenrechnung

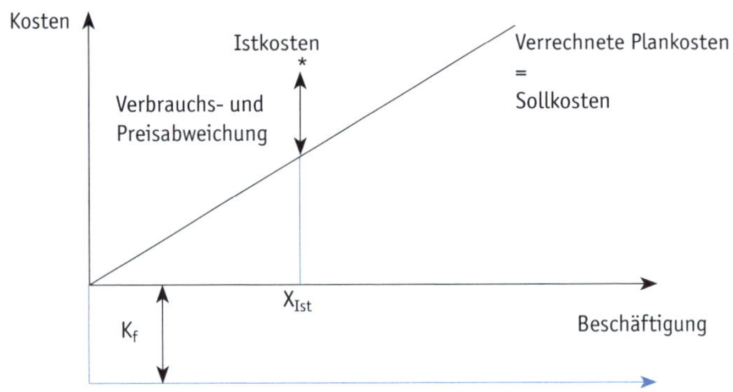

Die **Kostenabweichung der Istbeschäftigung** hingegen ist identisch mit der aus der flexiblen Plankostenrechnung auf Vollkostenbasis. Ebenso verläuft analog eine differenzierte Aufteilung dieser Kostenabweichung in **Preisabweichung und Verbrauchsabweichung**.

Beispiel: Es liegen die Kosteninformationen des vorangegangenen Beispiels vor. Da in der Grenzplankostenrechnung die Fixkosten vernachlässigt werden, hat die Beschäftigungsabweichung generell den Wert null.

Istkosten (GPKR) = 38.000 € – 16.000 € = 22.000 €

$$\text{Sollkosten (GPKR)} = \frac{24.000 \text{ €} \cdot 700}{800} = 21.000 \text{ €}$$

Kostenabweichung der Istbeschäftigung = 1.000 €
(GPKR: Grenzplankostenrechnung)

Die Kostenabweichung der Istbeschäftigung beträgt wie auch bei der flexiblen Plankostenrechnung auf Vollkostenbasis weiterhin 1.000 €. Die weitere Differenzierung dieser Größe in Preisabweichung und Verbrauchsabweichung erfolgt in Analogie zur flexiblen Plankostenrechnung auf Vollkostenbasis.

Die Grenzplankostenrechnung ist für Zwecke der **Kostenkontrolle** sehr **gut** geeignet. Im Gegensatz zur flexiblen Plankostenrechnung auf Vollkostenbasis entfällt die Beschäftigungsabweichung, da **Fixkosten keine Berücksichtigung** finden. Für Kalkulationszwecke entfällt das Problem, die Fixkosten mehr oder weniger willkürlich verrechnen zu müssen.

Demgegenüber besteht bei Anwendung der Grenzplankostenrechnung die Gefahr, dass **Verlust bringende Produkte zu lange im Programm** verbleiben. Darüber hinaus ist die Grenzplankostenrechnung **relativ zeit- und arbeitsaufwendig**.

5 Ausblick auf neuere Entwicklungen in der Kosten- und Leistungsrechnung

Als neuere Kostenrechnungssysteme haben sich die Prozesskostenrechnung sowie das Target Costing herausgebildet. Diese Systeme können ergänzend zu den klassischen Verfahren der Voll- und Teilkostenrechnung zum Einsatz kommen.

5.1 Prozesskostenrechnung

Der Prozess der betrieblichen Leistungserstellung hat sich in den letzten Jahrzehnten gewandelt. Dieser **Veränderungsprozess** ist durch folgende Tendenzen gekennzeichnet:

- Aufgrund verstärkten Wettbewerbsdrucks wurde seitens der Unternehmen oftmals mit einer Ausweitung des Produktprogramms reagiert. Mit zunehmender **Heterogenität des Produktprogramms** nimmt jedoch die Bedeutung der Produktionsmenge (Beschäftigung) als alleinige Kosteneinflussgröße ab.
- Infolge der beschleunigten technologischen Entwicklung hat der **Automatisierungsgrad in der Fertigung zugenommen** bei gleichzeitiger **Freisetzung von Arbeitskräften**. Damit einhergehend hat sich tendenziell der Anteil der Gemeinkosten erhöht, während der **Einzelkostenanteil an den Gesamtkosten rückläufig** ist. Damit erhöhen sich die Gemeinkostenzuschlagssätze insbesondere in hoch technologisierten Betrieben exorbitant. Gleichzeitig wird der **kausale Zusammenhang zwischen den traditionellen Zuschlagsbasen** Materialeinzelkosten und Fertigungseinzelkosten zu den Gemeinkosten **immer geringer**.

Der stetig steigende Gemeinkostenanteil an den Gesamtkosten und das daraus resultierende **Risiko produktpolitischer Fehlentscheidungen** hat das Entstehen der Prozesskostenrechnung begünstigt.

> **!** Die Grundidee der Prozesskostenrechnung besteht darin, den Gemeinkostenblock differenzierter zu verrechnen.

Das soll geschehen, indem wiederholbare betriebliche Prozesse als Größen der Kostenverursachung in den Mittelpunkt der Betrachtung gestellt werden. Das gesamte Betriebsgeschehen wird in eine Folge von **Prozessen** (Arbeitsschritten) **zerlegt**, angefangen vom Materialeinkauf bis zum Vertrieb.

Das Ziel der Prozesskostenrechnung besteht nun darin, die **Kosten pro beanspruchter Prozesseinheit** des jeweiligen Arbeitsschrittes zu bestimmen. Die Gemeinkosten sollen in dem Umfang der jeweils beanspruchten Prozesse auf die einzelnen Produkte weiterverrechnet werden.

Folglich handelt es sich bei der Prozesskostenrechnung um ein neueres Kalkulationsverfahren auf Vollkostenbasis.

Die Prozesskostenrechnung lässt sich in folgende **Schritte** zerlegen:

1. Identifikation der Teilprozesse bei allen Kostenstellen,
2. Ermittlung der Prozesskostensätze der Teilprozesse,
3. Kostenträgerkalkulation mit Prozesskosten,
4. Verdichtung der Teilprozesse zu Hauptprozessen,
5. Kostenkontrolle und Abweichungsanalyse.

Zunächst sind also im Rahmen einer **Tätigkeitsanalyse** die Teilprozesse je Kostenstelle durch Beobachtung oder Interviews festzustellen. Dabei sind leistungsmengeninduzierte und leistungsmengenneutrale Prozesse zu unterscheiden.

Im Falle von **leistungsmengeninduzierten Prozessen** sind Bezugsgrößen festzustellen, deren Kostenverlauf möglichst proportional zur beanspruchten Prozessmenge verläuft. Diese Bezugsgröße zur Gemeinkostenverrechnung wird in der Prozesskostenrechnung als **Cost Driver** (Kostentreiber) bezeichnet. Einige Beispiele sollen den Zusammenhang zwischen Teilprozessen und dahinterstehenden Kostentreibern verdeutlichen:

Tab. 5.1: Teilprozesse und Cost Driver

Teilprozess	Cost Driver
Wareneingang	Anzahl der Einlagerungen
Transport mit Gabelstapler	Anzahl zu transportierender Paletten
Forschung und Entwicklung	Anzahl der Patentanmeldungen
Fertigung	Anzahl der Rüstvorgänge
Versand	Anzahl der Auslieferungen
Verwaltung	Anzahl der Rechnungen

Den analysierten Teilprozessen sind Teile der ursprünglichen Gemeinkosten möglichst verursachungsgerecht zuzuordnen. Diese **Zuordnung** erfolgt **direkt oder über Verteilungsschlüssel**.

Beispiel: In der Kostenstelle Kundenservice lässt sich als Teilprozess die Entgegennahme der Telefonanrufe identifizieren. In der Kostenstelle sind 400.000 € an Gemeinkosten angefallen. Insgesamt sind dieser Kostenstelle acht Mitarbeiter zugeordnet, wobei zwei ausschließlich die Telefonanrufe entgegennehmen.
Deshalb wird auf diesen Teilprozess ein Gemeinkostenanteil von 100.000 € verteilt.

Für die **leistungsmengeninduzierten** Teilprozesse lassen sich **Prozesskostensätze** ermitteln:

$$\text{Prozesskostensatz} = \frac{\text{Gesamtkosten des (Teil-)Prozesses}}{\text{Menge der Prozess-Bezugsgröße}}$$

Beispiel: In der Kostenstelle Kundenservice wurden in der Abrechnungsperiode 250.000 Anrufe entgegengenommen.
Daraus resultiert ein Prozesskostensatz von 0,40 € pro Anruf (100.000 € / 250.000 = 0,40 €).

Die ermittelten Prozesskostensätze können zu kalkulatorischen Zwecken (z.B. Bestimmung von Preisuntergrenzen, Entscheidung über Eigenfertigung oder Fremdbezug, Bestimmung von Break-even-Mengen) oder als Instrument des Gemeinkostenmanagements (Planung, Kontrolle und Steuerung) verwendet werden.

Darüber hinaus sind die **leistungsmengenneutralen Prozesskosten** zu verrechnen. Eine Möglichkeit besteht darin, diese über einen pauschalen Zuschlagssatz auf die leistungsmengeninduzierten Teilprozesse der jeweiligen Kostenstelle zu verteilen.

Beispiel: In der Kostenstelle Kundenservice wurden die folgenden Teilprozesse definiert:

- TP1: Annahme der Telefonanrufe
- TP2: Bearbeitung der Reklamationen
- TP3: Herausgabe von Kundenkarten
- TP4: Leitung der Kostenstelle

Folgende Informationen liegen zu den Prozessen vor:

Prozess	Prozessgrößen (Cost Driver)	Menge	Kosten des Prozesses	Prozess-kostensatz
TP1	Angenommene Anrufe	250.000	100.000 €	0,40 €
TP2	Reklamationsfälle	2.000	150.000 €	75,00 €
TP3	herausgegebene Kundenkarten	20.000	50.000 €	2,50 €
TP4	leistungsmengenneutral	–	100.000 €	–

Der Umlagesatz für die leistungsmengenneutralen Kosten beträgt 33,33 % (100.000 € / 300.000 €).

Nach der Verrechnung der Umlage für die leistungsmengenneutralen Kosten ergeben sich folgende Prozesskostensätze:

- TP1: Annahme der Telefonanrufe: 0,40 € · 1,3333 € = 0,53 €
- TP2: Bearbeitung der Reklamationen: 75,00 € · 1,3333 € = 100 €
- TP3: Herausgabe von Kundenkarten: 2,50 € · 1,3333 € = 3,33 €

Im Anschluss werden die Teilprozesse aller Kostenstellen zu kostenstellenübergreifenden Hauptprozessen verdichtet, indem mehrere Prozesskostensätze über eine bestehende Prozesshierarchie addiert werden. Als Ergebnis resultieren spezifische Prozesskostensätze für die betrieblichen Hauptprozesse.

Mithilfe dieser Ergebnisse können u.a. folgende Informationsprobleme gelöst werden (vgl. Reichmann 2006, S. 170):

- Ermittlung der Kosten für die Abwicklung eines Kundenauftrages,
- Bestimmung der Kosten für eine Neuproduktentwicklung,
- Beurteilung unterschiedlicher Vertriebswege aus kosten- und leistungswirtschaftlicher Sicht,
- Ermittlung der Kosten von Beschaffungsvorgängen.

Abb. 5.1: Verdichtung von Teilprozessen zu Hauptprozessen

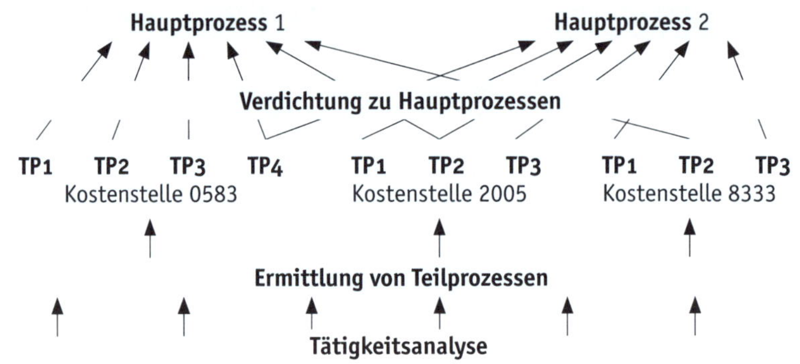

Beispiel zur Ermittlung der Kosten von Beschaffungsvorgängen:

Ein Produktionsunternehmen kauft die beiden Rohstoffe R1 und R2 von einem Vorlieferanten ein. Vom Rohstoff R1 werden 20 mal 1 t zum Preis von 100 €/t geliefert und vom Rohstoff R2 werden 20 mal 1 t zum Preis von 1.000 €/t geliefert. Die Kosten des Beschaffungsvorgangs belaufen sich in der Abrechnungsperiode insgesamt auf 8.800 €. Aus dem BAB ist der Materialgemeinkostenzuschlagssatz in Höhe von 40 % bekannt.

Es ergeben sich Unterschiede zwischen der traditionellen Zuschlagskalkulation und der Kalkulation nach der Prozesskostenrechnung hinsichtlich der Verrechnung der Kosten des Beschaffungsvorgangs auf die jeweiligen Rohstoffe wie folgt.

Traditionelle Zuschlagskalkulation	**Rohstoff R1**	**Rohstoff R2**
Materialeinzelkosten je t	100 €	1.000 €
Materialgemeinkostenzuschlagssatz (40 %)	40 €	400 €
	140 €	1.400 €

Kalkulation nach Prozesskostenrechnung	**Rohstoff R1**	**Rohstoff R2**
Materialeinzelkosten je t	100 €	1.000 €
Prozesskosten je Beschaffungsvorgang (8.800 € : 40 t = 220 € / t)	220 €	220 €
	320 €	1.220 €

Daraus lassen sich folgende Materialkosten insgesamt wie folgt bestimmen.
Materialkosten nach der Zuschlagskalkulation:
20 t · 140 €/t + 20 t · 1.400 €/t = 30.800 €
Materialkosten nach der Prozesskostenrechnung:
20 t · 320 €/t + 20 t · 1.220 €/t =30.800 €

Fazit: Zwar sind die Materialkosten nach beiden Verrechnungsverfahren insgesamt gleich hoch; jedoch gelangt die Kalkulation nach der Prozesskostenrechnung zu einer vergleichsweise verursachungsgerechteren Kostenverteilung.

Der Vorteil der Prozesskostenrechnung liegt in der differenzierten Ermittlung von spezifischen Prozesskostensätzen. Damit ist eine **exaktere Zurechnung der**

Gemeinkosten auf Kostenträger im Vergleich zur traditionellen Vollkostenrechnung möglich. Darüber hinaus bietet sich die Möglichkeit einer **prozessbezogenen Kostenkontrolle**, die über Kostenstellengrenzen hinausgeht. Daran können sich **Rationalisierungsmaßnahmen** anschließen.

Als nachteilig erweist sich der **extrem hohe Arbeitsaufwand** bei der Implementierung und bei der konsequenten Anwendung der Prozesskostenrechnung. Die teilweise sehr aufwendige Suche und Messung von geeigneten Kostentreibern hat negative Auswirkungen auf die Wirtschaftlichkeit der Prozesskostenrechnung.

5.2 Target Costing

Target Costing ist ein umfassendes Kostenplanungs-, Kostenkontroll- und Kostensteuerungsinstrument, das aufgrund seines Zukunftsbezuges auch als **strategisches Zielkostenmanagement** bezeichnet wird.

Folgende Gründe sind für die zunehmende Bedeutung des Target Costing anzuführen:

- Durch das Zielkostenmanagement wird bereits in den frühen Phasen des Produktlebenszyklus eine marktorientierte Steuerung mit Kosteninformationen möglich.
- Die Notwendigkeit zur Erreichung von abteilungsübergreifenden Kosten- und Qualitätszielen. In Betrieben, in denen Abteilungsegoismus vorherrscht, lässt sich Target Costing nicht realisieren.
- Alle Produkte müssen (langfristig) ihre Vollkosten und einen Gewinnaufschlag erwirtschaften.

Beim Target Costing rücken die gewünschten Produktmerkmale und die Vorgabe von Zielkosten in den Mittelpunkt. Die **zentralen Fragen** lauten also:

- Was muss das Produkt wirklich können?
- Was darf das Produkt höchstens kosten?

Zur Beantwortung dieser Fragen werden bereits in der Phase der Produktentwicklung Erhebungen bei potenziellen Kunden im Rahmen der Marktforschung durchgeführt. Diese Vorgehensweise soll verhindern, dass die Entwicklung von Neuprodukten zu Preisen führt, die weit über dem Marktpreis vergleichbarer Produkte liegen und damit den Absatz der eigenen Erzeugnisse erschweren. Vielmehr bestimmt beim Target Costing der erzielbare Marktpreis eines Produktes dessen Kostenstruktur.

Die **Vorgehensweise** beim Target Costing vollzieht sich in folgenden Schritten:

1. Ermittlung des Marktpreises, des Umsatzes und der für die Kunden wesentlichen Produktmerkmale (**Teilleistungen**).
   Im Zentrum des Zielkostenmanagements steht weniger das technisch Machbare, sondern vielmehr die Nutzenerwartungen der Kunden an eine Produktinnovation und deren Marktpreis.
   In diesem Zusammenhang erweist sich der Einsatz der Conjoint-Analyse als sinnvoll, indem aus den Ergebnissen von Befragungen, die beispielsweise durch

Außendienstmitarbeiter vorgenommen werden können, die Präferenzen und die Preisbereitschaft potenzieller Kunden analysiert werden. Hinsichtlich der Präferenzen soll ermittelt werden, welche Funktionen mit welchen Ausprägungen das neue Produkt aufweisen sollte. Darüber hinaus wird der Nutzen (die Bedeutung bzw. Gewichtung) der einzelnen Funktionen (Eigenschaften) des neuen Produktes ermittelt.

2. Festlegung der vom Markt erlaubten **gesamten Stückkosten**, indem vom geplanten Marktpreis der Zielgewinn subtrahiert wird.
   Diese Darfkosten (»Was darf das Produkt kosten?«) stellen die Obergrenze für die Zielkosten des Produktes dar. Sie werden zunächst für den gesamten Produktlebenszyklus geplant und dann als Stückkosten vorgegeben. Da bei langfristiger Betrachtung jedes Produkt die ihm zurechenbaren Kosten zuzüglich eines Gewinnaufschlages erwirtschaften soll, wird folglich das Target Costing in der Regel als Vollkostenrechnung betrieben. Die Ermittlung der maximal erlaubten Zielkosten (sog. Darfkosten) verdeutlicht noch einmal die nachfolgende Abbildung:

Abb. 5.2: Ermittlung der Zielkosten

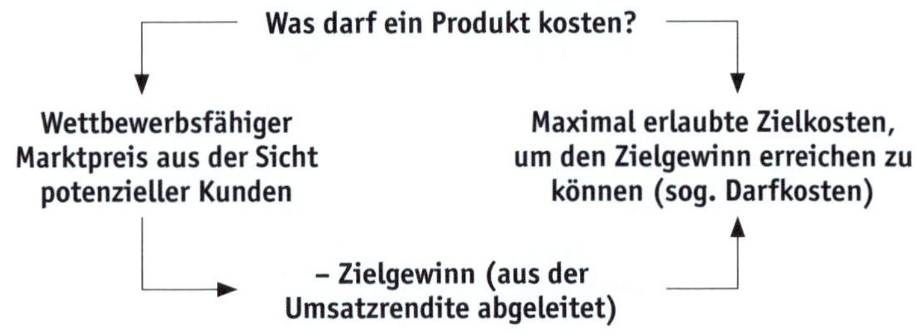

Die Darfkosten liegen oft unterhalb der vorläufig geplanten Kosten, die ursprünglich für realistisch gehalten wurden und die sich bei Fortsetzung der aktuell im Unternehmen vorhandenen Technologie ergeben würden. An dieser Stelle sind Maßnahmen zur Qualitätsverbesserung und Kostensenkung zu entwickeln, um die entstandene Ziellücke zu schließen. Wir wollen jedoch erwähnen, dass die letztlich anvisierten Zielkosten oftmals oberhalb der Darfkosten liegen, um eine größere Akzeptanz bei den Mitarbeitern zu erreichen.

3. Aufteilung der zulässigen Gesamtkosten auf die einzelnen am Wertschöpfungsprozess beteiligten betrieblichen Funktionen zur Erzeugung der jeweiligen Teilleistung (**Zielkostenspaltung**).
   Zur Operationalisierung ist eine Aufspaltung der ermittelten Zielkosten nach den nutzenstiftenden Funktionen bzw. auf die Komponenten des Produktes erforderlich. Um den Überblick nicht zu verlieren, sollten zunächst nur die Hauptfunktionen bzw. -komponenten des Produktes betrachtet werden.
   Die Zielkostenspaltung kann mittels der Funktionsmethode oder mittels der Komponentenmethode umgesetzt werden. Typisch für den Einsatz der Funkti-

onsmethode sind neuartige, komplexe Massenprodukte. Die aus Kundenbefragungen gewonnenen Gewichtungen der jeweiligen Produktfunktionen werden auf die Zielkosten übertragen und danach der Ressourceneinsatz gesteuert. Alternativ kann die Komponentenmethode bei den Produkten zur Anwendung kommen, bei denen auf Erkenntnisse von Vorgängerprodukten zurückgegriffen werden kann. Hierzu ist zunächst aus den Zielkosten die Kostenreduzierungsrate (zum Vorgängerprodukt) abzuleiten. Darüber hinaus sind die Komponenten des alten und des neuen Artikels zu vergleichen, weil sich daraus unterschiedliche Reduzierungsraten ergeben können.

4. Ermittlung der voraussichtlichen **Kosten je Teilleistung** und Vergleich mit den zulässigen Kosten dieser Teilleistung.
   Teilleistungen, deren Kosten oberhalb der vom Markt akzeptierten Vorstellungen liegen, sind auf **Kostensenkungspotenziale** hin zu untersuchen (z.B. andere Fertigungsweise, andere Materialien) oder zu eliminieren. Umgekehrt können Teilleistungen hinzugefügt werden, wenn damit aus Kundensicht der Wert des Produktes mehr steigt, als Kosten dafür im Unternehmen anfallen.
   Im Rahmen des Target Costing sollte es vermieden werden, die Erreichung der Zielkosten durch das sukzessive, unkritische Herausnehmen von Produktfunktionen zu sichern. Eine derartige Einhaltung der Kostenziele würde kaum zu einem marktkonformen Produkt führen. Jedoch kann ein Abspecken von Produktfunktionen dann sinnvoll sein, wenn Kundenerwartungen übererfüllt werden.
   In dieser Phase sollte das Leistungsspektrum mehrfach variiert und jeweils hinsichtlich der Kosten berechnet werden, um schließlich ein Optimum zu finden.

5. Ermittlung einer so genannten **Zielkostenzone pro Teilleistung**, innerhalb derer die Zielkosten als erreicht angesehen werden können.
   Für jede Produktfunktion bzw. Produktkomponente wird aus dem Verhältnis von deren relativer Bedeutung (Nutzenanteil am Gesamtnutzen) und deren Kostenanteil ein Wertindex berechnet, der im Idealfall genau 1 beträgt. Im Falle abweichender Wertindizes können folgende Schlussfolgerungen gezogen werden:
   - Produktkomponenten (Produktfunktionen) mit einem kleineren Index als 1 weisen zu hohe Kosten auf,
   - Produktkomponenten (Produktfunktionen), deren Index über 1 liegt, sind zu leistungsschwach.

Mithilfe des Zielkostenkontrolldiagramms können die verschiedenen Produktfunktionen (Produktkomponenten) hinsichtlich ihrer Wertindizes visualisiert werden. In der Horizontalen wird die relative Bedeutung, in der Vertikalen der Kostenanteil der jeweiligen Produktfunktion (Produktkomponente) abgetragen. Die Winkelhalbierende (Wertindex = 1) stellt die möglichen Idealkonstellationen dar. Werden Abweichungen toleriert, so ist eine Zielkostenzone um die Winkelhalbierende herum festzulegen, innerhalb derer die Zielkosten als erreicht angesehen werden können.

Abb. 5.3: Beispiel für ein Zielkostenkontrolldiagramm

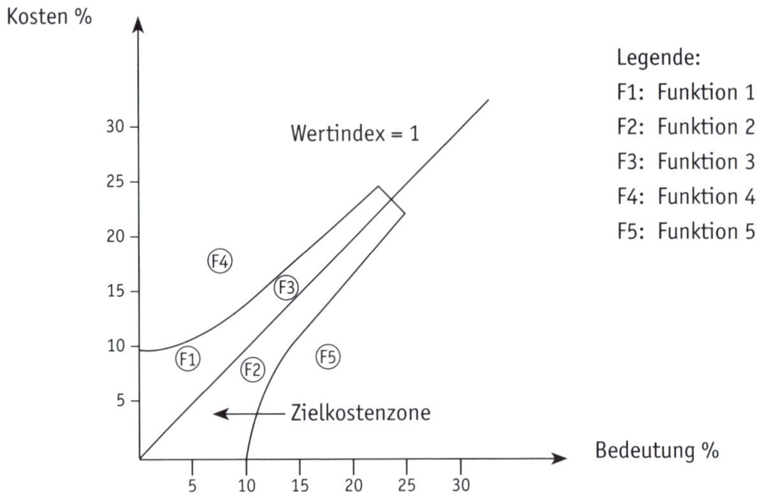

Wie in der vorangegangenen Abbildung aufgezeigt wird, sind die Toleranzgrenzen für Produktfunktionen (Produktkomponenten) mit hoher Bedeutung und hohen Kostenanteilen enger als für Komponenten mit geringer Bedeutung und geringen Kostenanteilen.

Alle vorgesehenen Produktfunktionen, die innerhalb der Zielkostenzone liegen, können gemäß der Philosophie des Target Costing wie geplant realisiert werden (in der Abb. 5.3. also die Funktionen F1, F2 und F3). Funktionen, deren Wertindex oberhalb der Zielkostenzone liegt, sind als zu teuer anzusehen (F4). Folglich sind diesbezüglich kostensenkende Maßnahmen anzubringen, wie beispielweise Änderung des Designs oder der technischen Ausstattung, Vereinfachung von verborgenen, vom Kunden nicht wahrnehmbaren Komponenten, Einsatz von Baukastensystemen usw.

Ist dagegen der Wertindex einer Funktion unterhalb der Zielkostenzone positioniert (F5), sind solche leistungsverbessernden Maßnahmen durchzuführen, die vom Kunden auch entsprechend wahrgenommen werden können (z.B. Qualitätsverbesserungen, äußere Produktgestaltung). Derartige Maßnahmen führen in der Regel zu höheren Kostenanteilen der betreffenden Komponente.

! Die Funktions- sowie Kostenanpassungen bei einzelnen Produktkomponenten sind so lange zu variieren, bis sich alle Wertindizes in der Zielkostenzone befinden.

Damit sind zugleich die Zielkosten bestimmt. Sofern die Zielkosten die Darfkosten nur unwesentlich übersteigen, kann die Produktidee realisiert werden. Werden hingegen die Darfkosten deutlich übertroffen und lassen sich keine weiteren Kostensenkungsmöglichkeiten finden, so ist entweder die Gewinnspanne zu senken oder das Projekt einzustellen.

Beispiel:

Geplant ist die Herstellung eines neuartigen Fernsehsessels. Mithilfe der Marktforschung wurden die jeweiligen Bedeutungen von Produktfunktionen aus der Sicht potenzieller Kunden ermittelt:

Produktfunktionen aus Sicht des Marketings	Verarbeitung (F1)	Komfort/ Bequemlichkeit (F2)	Preiswürdigkeit (F3)	Design/ Prestige (F4)
	30 %	25 %	20 %	25 %

- Zuordnung des Beitrages der Produktkomponenten zu den Produktfunktionen:

Die Bedeutung der Produktfunktionen aus Kundensicht ist auf technologische Produktbestandteile (Produktkomponenten) zu transformieren. Auch diese Frage ist mit Hilfe der Marktforschung zu lösen. Die Fragestellung könnte etwa lauten: »Was meinen Sie, mit welchem Anteil die folgenden Produktkomponenten für die Produktfunktion Verarbeitung verantwortlich sind?«

Komponente	F1	F2	F3	F4
K1	40 %	30 %	30 %	45 %
K2	10 %	30 %	15 %	–
K3	40 %	10 %	15 %	30 %
K4	5 %	30 %	30 %	20 %
K5	5 %	–	10 %	5 %

Produktkomponenten sind: K1 = Bezug; K2 = Federung; K3 = tragende Elemente; K4 = Kopfstütze; K5 = Fußrollen

Dieser Ansatz ist insbesondere deshalb notwendig, weil sich den Produktkomponenten jeweils Kosten zuordnen lassen, während dies für Produktfunktionen nicht möglich ist.

- Jeweiliger Beitrag der Komponenten K1 bis K5 zum gesamten Kundennutzen:

Nachfolgend erfolgt die Bewertung der Beiträge der Komponenten mit der Wichtigkeit der Produktfunktionen. Beispielhaft sei hier der Kundennutzen für die Komponente K1 erläutert:

F1: $40 \cdot 30 / 100 = 12$

F2: $30 \cdot 25 / 100 = 7{,}5$

F3: $30 \cdot 20 / 100 = 6$

F4: $45 \cdot 25 / 100 = 11{,}25$

$36{,}75$

Insgesamt ergibt sich folgendes Bild:

Komponente	F1	F2	F3	F4	Summe
K1	12 %	7,5 %	6 %	11,25 %	36,75 %
K2	3 %	7,5 %	3 %	–	13,5 %
K3	12 %	2,5 %	3 %	7,5 %	25 %
K4	1,5 %	7,5 %	6 %	5 %	20 %
K5	1,5 %	–	2 %	1,25 %	4,75 %
Summe	30 %	25 %	20 %	25 %	100 %

- Gegenüberstellung von Kundennutzen und Kosten:
Mithilfe der Plankostenrechnung sind (vorläufig) Selbstkosten in Höhe von 1.000 € pro Fernsehsessel ermittelt worden, die sich wie folgt zusammensetzen:

Komponente	**K1**	**K2**	**K3**	**K4**	**K5**
Kostenanteil	35 %	25 %	25 %	10 %	5 %

Durch die Relation von Kundennutzenanteil und Kostenanteil der Komponenten lässt sich der Zielkostenindex der jeweiligen Produktkomponente ermitteln:

Komponente	**Kundennutzen**	**Kostenanteil der Komponenten**	**Zielkosten-index**
K1	36,75 %	35 %	1,05
K2	13,5 %	25 %	0,54
K3	25 %	25 %	1
K4	20 %	10 %	2
K5	4,75 %	5 %	0,95

Der Zielkostenindex lässt sich wie folgt interpretieren:
Zielkostenindex > 1: Der Kundennutzen ist größer als der Kostenanteil der Komponente. Die Kosten sind als vertretbar einzustufen. Zu prüfen ist, ob ggf. weitere Verbesserungen vorzunehmen sind (Folge: Kostenanteil steigt).
Zielkostenindex < 1: Die Kosten der Komponente sind zu hoch in Relation zum Kundennutzen. Insofern sind hier Einsparungen vorzunehmen.

- Ermittlung der Einsparungsmöglichkeiten:
Aufgrund des erzielbaren Marktpreises sind Zielkosten von maximal 900 € pro Sessel zulässig. Mittels Zielkostenspaltung erfolgt eine Verrechnung auf die Produktkomponenten (Verteilungsschlüssel: Kundennutzen).

Komponente	**Vorläufige Plankosten (€)**	**Zielverteilung (Kundennutzen)**	**Zielkosten (€)**	**Über-/Unterdeckung (€)**
K1	350	36,75 %	330,75	–19,25
K2	250	13,5 %	121,50	–128,50
K3	250	25 %	225	–25
K4	100	20 %	180	+80
K5	50	4,75 %	42,75	–7,25
Summe	1.000	100 %	900	–100

Der Vergleich zwischen Zielkosten und vorläufigen Plankosten lässt sich wie folgt interpretieren:

- Überdeckungen geben an, dass die vorläufigen Plankosten unterhalb der Zielkosten liegen. Die betreffenden Komponenten sind auf Verbesserungspotenziale hin zu untersuchen.
- Unterdeckungen deuten auf Kosteneinsparungspotenziale hin.

Wird eine Steuerung im Rahmen des Target Costing über Zielkostenindizes angestrebt (in Unterstützung zu Kostenüber- bzw. -unterdeckungen), so ist statt des „einfachen" Zielkostenindex der sog. erweiterte Zielkostenindex zweckmäßiger, da dieser die ggf. verfehlten, nicht am Markt orientierten Kostenverteilungen auf die einzelnen Produktkomponenten transparenter macht. Der erweiterte Zielkostenindex berechnet sich wie folgt.

Erweiterter Zielkostenindex = relativer Kundennutzen : relative Plankosten auf Basis Zielkosten

Bezogen auf das vorangegangene Beispiel lassen sich bezüglich des erweiterten Zielkostenindex folgende Werte berechnen:

Komponente	Vorläufige Plankosten auf Basis Zielkosten (1.700 €)	Erweiterter Zielkostenindex
K1	23,53 %	0,89
K2	29,41 %	0,70
K3	23,53 %	1,15
K4	23,53 %	0,95
K5	17,65 %	0,52
	117,65 %	

Das Konzept des Target Costing ist stark auf die Erfordernisse des Absatzmarktes ausgerichtet. Als vorteilhaft erweist es sich, dass notwendige Maßnahmen zur Kostensenkung **frühzeitig** erkannt und durchgeführt werden können.

Allerdings führt die Anwendung des Target Costing zu **starken innerbetrieblichen Veränderungen**. So ergeben sich beispielsweise Auswirkungen auf die Organisationsstruktur, die Produktentwicklung und die Unternehmensphilosophie.

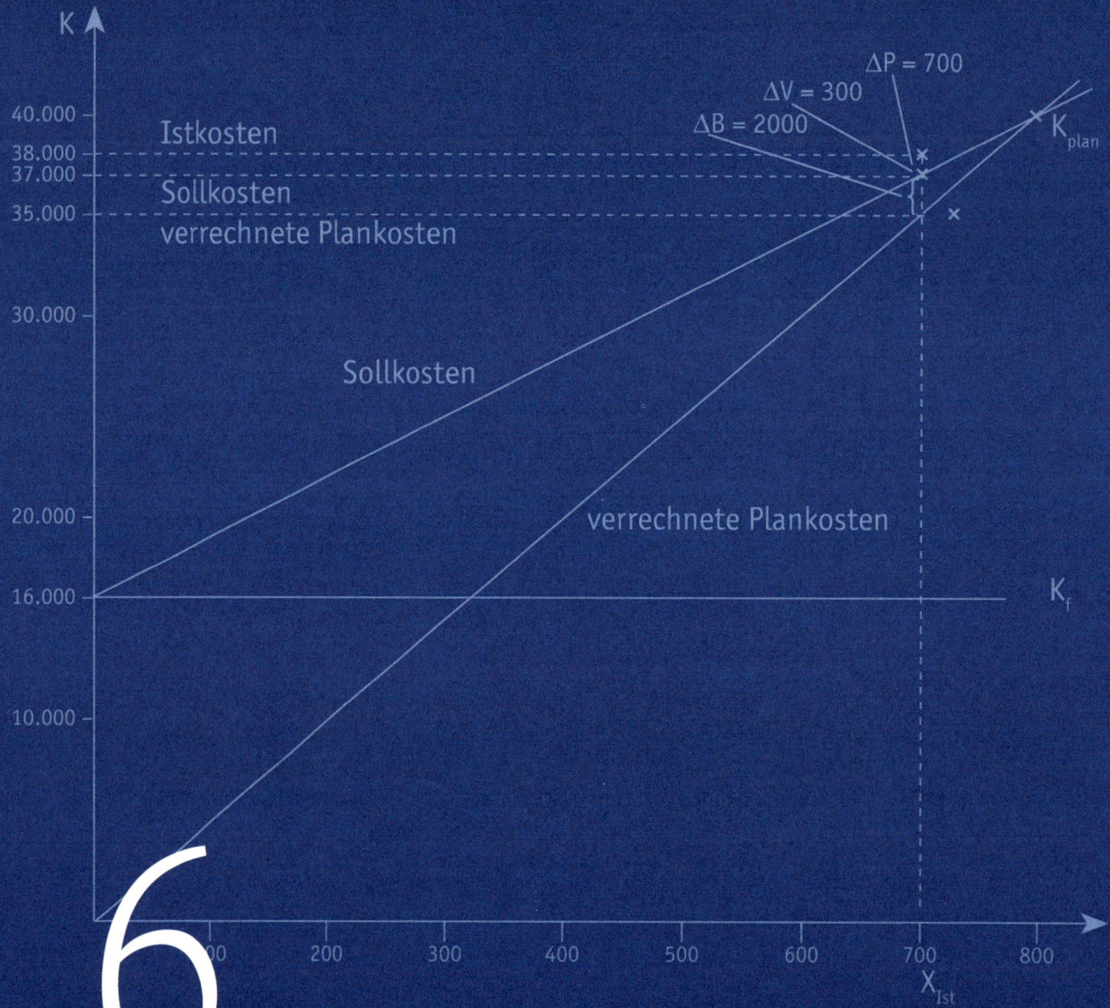

6 Serviceteil

Formelsammlung

Grundbegriffe der Kosten- und Leistungsrechnung: S. 11–22

Auszahlungen = Abgänge von liquiden Mitteln (Kasse, Bank)

Einzahlungen = Zugänge von liquiden Mitteln

Nettogeldvermögen = liquide Mittel + Forderungen – Schulden

Ausgaben = Auszahlungen + Forderungsabgänge + Schuldenzugänge

---

Einnahmen = Einzahlungen + Forderungszugänge + Schuldenabgänge

---

Kosten = Grundkosten + kalkulatorische Kosten

Kalkulatorische Kosten = Anderskosten + Zusatzkosten

Materialkosten: S. 28–35

Materialverbrauch nach der Inventurmethode:

	Anfangsbestand lt. Inventur
+	Zugänge lt. Belegen
–	Endbestand lt. Inventur
=	Verbrauch der abgelaufenen Periode

Materialverbrauch nach der Fortschreibungsmethode:
Verbrauch = Abgänge der Periode für Leistungszwecke laut Materialentnahmeschein

Materialverbrauch nach der retrograden Methode:

Im Industriebetrieb:
Verbrauch = Materialverbrauch je Erzeugnis (lt. Stückliste) · Produktionsmenge

Im Handelsbetrieb:
Verbrauch = Umsatzerlöse der Periode / (1 + Kalkulationsaufschlag)

	Angebotspreis
–	Preisminderungen
+	Zuschläge
+	Bezugskosten
=	Anschaffungswert (Einstandspreis)

$$\text{Durchschnittlicher Anschaffungswert} = \frac{\text{AB + Summe der Zugänge in €}}{\text{AB + Summe der Zugänge in Stück}}$$

Kalkulatorische Abschreibungen: S. 37–42

lineare Abschreibung

$$a = \frac{A}{n}$$ mit: a = Abschreibungsbetrag (€/Jahr), A = Anschaffungskosten (€) und n = geschätzte Nutzungsdauer (Jahre)

$$a = \frac{A - R}{n}$$ mit: R = Restwert

geometrisch-degressive Abschreibung

$$p = 100\left(1 - \sqrt[n]{\frac{R}{A}}\right)$$ mit: p = Abschreibungssatz (in %)

arithmetisch-degressive Abschreibung

$$D = \frac{A}{1 + 2 + \ldots + n} = \frac{2 \cdot A}{n \cdot (n + 1)}$$ mit: D = Degressionsbetrag

$a_t = D \cdot (n + 1 - t)$ mit: a_t = Abschreibungsbetrag im Jahre t, t = Jahr der Nutzung

leistungsbezogene Abschreibung

$$a = \frac{A}{L_G} \cdot L_t$$ mit: L_G = Gesamtleistung des Anlagegutes, L_t = beanspruchte Leistung in der Periode t

Unter Berücksichtigung eines Restwertes ergibt sich:

$$a = \left(\frac{A - R}{L_G}\right) \cdot L_t$$

Kalkulatorische Zinsen: S. 42–45

	Betriebsnotwendiges Anlagevermögen
+	betriebsnotwendiges Umlaufvermögen
=	betriebsnotwendiges Vermögen
–	Abzugskapital
=	betriebsnotwendiges Kapital

$$\text{Durchschnittlich gebundener Wert} = \frac{\text{Anschaffungswert + Restwert}}{2}$$

1) $$\text{Durchschnittlich gebundener Wert} = \frac{\text{(Anfangsbestand + Endbestand)}}{2}$$

2) $$\text{Durchschnittlich gebundener Wert} = \frac{\text{(Anfangsbestand + 12 Monatsbestände)}}{13}$$

Betriebsnotwendiges Kapital · Zinssatz = kalkulatorische Zinsen

BAB: S. 51–62

Abb. 2.9: Schema des Anbauverfahrens

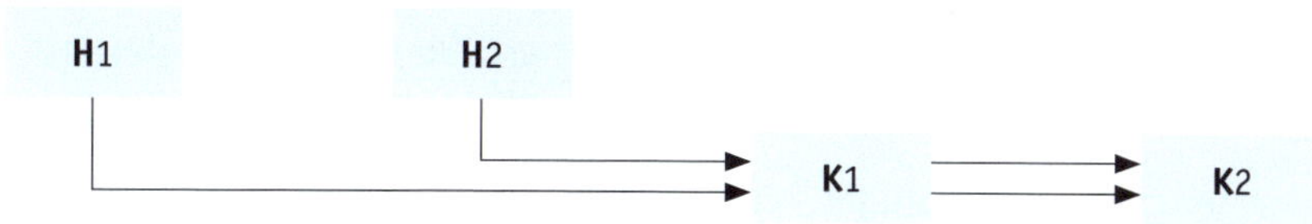

(mit: H1, H2 = Hilfskostenstellen und K1, K2 = Hauptkostenstellen)

Abb. 2.10: Schema des Stufenleiterverfahrens

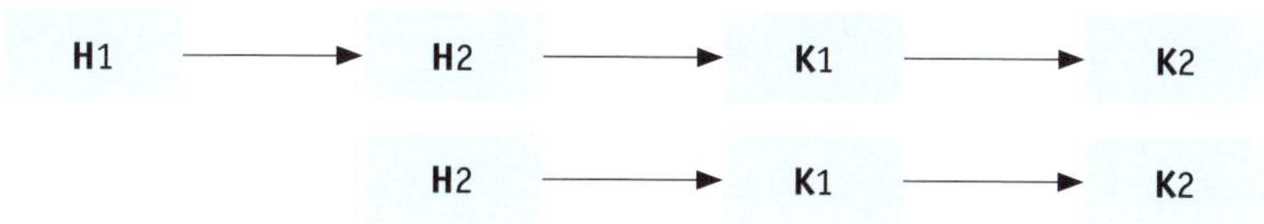

(mit: H1, H2 = Hilfskostenstellen und K1, K2 = Hauptkostenstellen)

$$\text{Innerbetrieblicher Verrechnungssatz} = \frac{\text{Summe der Gemeinkosten der Hilfskostenstelle}}{\text{Summe der an Hauptkostenstellen abgegebenen Leistungen}}$$

$$\text{Innerbetrieblicher Verrechnungssatz} = \frac{\text{primäre Gemeinkosten der Hilfskostenstelle} + \text{sekundäre Gemeinkosten aus vorgelagerten Hilfskostenstellen}}{\text{Summe der an nachgelagerte Kostenstellen abgegebenen Leistungseinheiten}}$$

$$\text{Gemeinkosten der Hilfskostenstelle (HK) i} = \text{primäre Kosten der HK i} + \text{sekundäre Kosten der HK i}$$

$$\text{Gemeinkosten der Kostenstelle i} = \text{Menge der von HK i produzierten Leistungseinheiten} \cdot \text{Verrechnungssatz der Kostenstelle i}$$

$$\text{Verrechnungssatz der HK i} = \frac{\text{primäre Kosten der HK i} + \text{sekundäre Kosten der HK i}}{\text{Menge der von der HK i produzierten Leistungseinheiten}}$$

$$\text{Verrechnungssatz der HK i} \cdot \text{Menge der von der HK i produzierten Leistungseinheiten} = \text{primäre Kosten der HK i} + \text{sekundäre Kosten der HK i}$$

$$\text{Kalkulationssatz der Hauptkostenstelle Kj} = \frac{\text{Gemeinkosten von Kj}}{\text{Bezugsgröße von Kj}}$$

Divisionskalkulation: S. 65–67

$$\text{Selbstkosten pro Stück} = \frac{\text{Gesamtkosten der Periode}}{\text{Absatzmenge}}$$

$$\text{Selbstkosten pro Stück} = \frac{\text{HerK Stufe 1}}{\text{PM Stufe 1}} + \frac{\text{HerK Stufe 2}}{\text{PM Stufe 2}} + \ldots + \frac{\text{HerK Stufe n}}{\text{PM Stufe n}} + \frac{\text{VVK}}{\text{Absatzmenge}}$$

(HerK = Herstellkosten, PM = Produktionsmenge, VVK = Verwaltungs- und Vetriebskosten)

$$\text{Selbstkosten pro Stück} = \frac{\text{Herstellkosten}}{\text{Produktionsmenge}} + \frac{\text{Verwaltungs- und Vertriebskosten}}{\text{Absatzmenge}}$$

Äquivalenzziffernkalkulation: S. 67–70

$$\text{Äquivalenzziffer einer Sorte A} = \frac{\text{Stückkosten der Sorte A}}{\text{Stückkosten der Einheitssorte}}$$

Rechnungseinheiten einer Sorte A = Produktionsmenge der Sorte A · Äquivalenzziffer der Sorte A

$$\text{Stückkosten pro Rechnungseinheit} = \frac{\text{Gesamtkosten}}{\text{Summe der Rechnungseinheiten}}$$

Stückkosten der Sorte A = Stückkosten pro Rechnungseinheit · Äquivalenzziffer für A

Zuschlagskalkulation: S. 70–74

$$\text{Zuschlagssatz zur Kostendeckung} = \frac{\text{Gesamte Gemeinkosten der Periode}}{\text{Gesamte Einzelkosten der Periode}}$$

Selbstkosten des Erzeugnisses A = Stück-Einzelkosten von A · (1 + Zuschlagssatz zur Kostendeckung)

	Zuschlagssatz zur Kostendeckung (in %)
+	Gewinnzuschlag (in %)
=	Kalkulationsaufschlag (in %)

	Materialeinzelkosten
+	Materialgemeinkosten
=	Materialkosten
+	Fertigungseinzelkosten
+	Fertigungsgemeinkosten
+	Sondereinzelkosten der Fertigung
=	Fertigungskosten
⇒	Herstellkosten (Material- + Fertigungskosten)
+	Verwaltungsgemeinkosten
+	Vertriebsgemeinkosten
+	Sondereinzelkosten des Vertriebs
=	Selbstkosten

Grundstruktur der differenzierenden Zuschlagskalkulation (Quelle: Wedell 2004, S. 207)

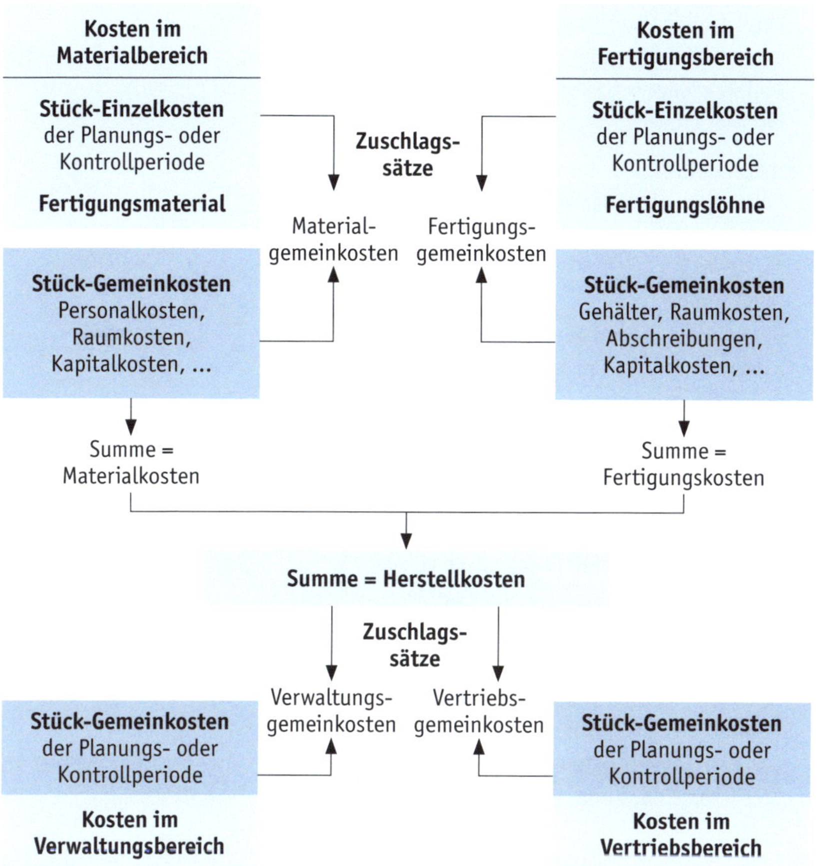

Kalkulation mit Maschinenstundensätzen: S. 74–76

$$\text{Maschinenstundensatz} = \frac{\text{maschinenabhängige Gemeinkosten}}{\text{effektive Laufzeit}}$$

$$\text{Zuschlagssatz für die Restfertigungsgemeinkosten} = \frac{\text{Fertigungsgemeinkosten} - \text{maschinenabhängige GK}}{\text{Fertigungseinzelkosten}}$$

Kuppelkalkulation: S. 76–78

	Herstellkosten der gesamten Kuppelproduktion
–	Umsatzerlöse der Nebenprodukte
+	Weiterverarbeitungskosten der Nebenprodukte
+	Entsorgungskosten der Nebenprodukte
=	Herstellkosten des Hauptproduktes

Kostenträgerzeitrechnung: S. 78–92

	Externer Gesamterfolg (GuV)
–	unternehmensbezogene Abgrenzungen (betriebs-, periodenfremd, außerordentlich)
–	kostenrechnerische Korrekturen
=	interner Erfolg

	Umsatzerlöse
–	Selbstkosten des Umsatzes
=	Betriebserfolg

	Umsatzerlöse
+/–	Bestandsveränderungen
+	aktivierte Eigenleistungen
–	Gesamtkosten
=	Betriebsergebnis

	Herstellkosten der Erzeugung der Abrechnungsperiode
+/–	Bestandsveränderungen bei unfertigen Erzeugnissen
=	Herstellkosten der fertig gestellten Menge
+/–	Bestandsveränderungen bei fertigen Erzeugnissen
=	Herstellkosten der Gesamtleistung
–	aktivierte Eigenleistungen
=	Herstellkosten des Umsatzes
+	Verwaltungsgemeinkosten
+	Vertriebsgemeinkosten
=	Selbstkosten des Umsatzes

Einstufige Deckungsbeitragsrechnung (Grundlagen): S. 85–86

$p - k_v = db$

(mit: p = Stückpreis, k_v= variable Stückkosten, db= Deckungsbeitrag je Stück)

$DB = db \cdot x = (p - k_v) \cdot x$

$G = DB - K_f = \sum_{i=1}^{n} [(p_i - k_{vi}) \cdot x_i] - K_f$

(mit: G = Betriebsgewinn, p_i = Preis von Erzeugnis i, k_{vi} = variable Stückkosten von Erzeugnis i, x_i = Absatzmenge von Erzeugnis i, K_f = gesamte Fixkosten, DB= gesamter Deckungsbeitrag)

$G = \sum_{i=1}^{n} (p_i - k_{si}) \cdot x_i$ (mit: k_{si} = Selbstkosten von Erzeugnis i)

Differenzen-Quotientenverfahren: S. 87–88

$$k_v = \frac{K_2 - K_1}{x_2 - x_1}$$

(mit: k_v = variable Stückkosten; K_1, K_2 = Gesamtkosten bei den Beschäftigungsgraden 1 bzw. 2; x_1, x_2 = Beschäftigungsgrade)

$K_f = K_{gest} - k_v \cdot x$ (mit: K_f = Fixkosten, K_{gest} = Gesamtkosten in der Periode t)

$K_{ges} = K_f + k_v \cdot x$

Lineare Regressionsmethode: S. 89–90

$K_{ges} = K_f + k_v \cdot x$

$K_f = K_m - k_v \cdot X_m$

$$k_v = \frac{\sum_{i=1}^{n} (K_i - K_m)(X_i - X_m)}{\sum_{i=1}^{n} (X_i - X_m)^2}$$

(mit: K_i = Kosten in der Periode i, K_m = Mittelwert der Kosten der vergangenen Perioden, X_i = Beschäftigung in der Periode i, X_m = Mittelwert der Beschäftigung der vergangenen Perioden)

Kostenstellenrechnung in der einstufigen Deckungsbeitragsrechnung: S. 93

$$\text{Variabler Gemeinkostenzuschlagssatz der Kostenstelle i} = \frac{\text{variable Gemeinkosten der Kostenstelle i}}{\text{Bezugsgröße der Kostenstelle i}}$$

Kostenträgerstückrechnung in der einstufigen Deckungsbeitragsrechnung: S. 93–95

$db = p - k_v$

$$p = \frac{K_v + DB}{x}$$

$ZS = DB/K_v$ bzw. $ZS = db/k_v$ (mit: ZS = Deckungszuschlagssatz)

Der Angebotspreis ergibt sich dann:

$p = k_v + k_v \cdot ZS$ bzw. $p = k_v\,(1 + ZS)$ oder $p = (k_{ve} + k_{vg})\,(1 + ZS)$

(mit: k_{ve} = variable Einzelkosten pro Stück, k_{vg} = variable Gemeinkosten pro Stück, ZS = Deckungszuschlagssatz)

Deckungsfaktor = DB/U bzw. db/p (mit U = Umsatzerlöse)

Kostenträgerzeitrechnung in der einstufigen Deckungsbeitragsrechnung: S. 95–96

	Umsatzerlöse
–	variable Kosten der abgesetzten Erzeugnisse
=	gesamter Deckungsbeitrag der Periode
–	Fixkosten der Periode
=	Betriebsergebnis

Break-even-Analyse: S. 96–97

U = K

d.h. $p \cdot x = K_v + K_f$ bzw. $p \cdot x = k_v \cdot x + K_f$

(mit: U = Umsatzerlöse, K = Gesamtkosten)

Break-even-Umsatz= $K_f \,/\, [1 - (k_v/p)]$

Break-even-Menge = $K_f \,/\, (p - k_v)$

Optimales Produktionsprogramm mit Engpass: S. 101

$$\text{Relativer Deckungsbeitrag} = \frac{\text{Deckungsbeitrag pro Stück}}{\text{Produktionsdauer je Stück}}$$

Mehrstufige Deckungsbeitragsrechnung: S. 105–106

	Umsatzerlöse
–	variable Kosten
=	Deckungsbeitrag 1
–	Produktfixkosten
=	Deckungsbeitrag 2
–	Produktgruppenfixkosten
=	Deckungsbeitrag 3
–	Unternehmensfixkosten
=	Betriebserfolg

	Variable Kosten
+	Produktfixkosten (in % von den variablen Kosten)
+	Produktgruppenfixkosten (in % von den variablen Kosten)
+	Unternehmensfixkosten (in % von den variablen Kosten)
+	Gewinnaufschlag
=	Angebotspreis

Relative Einzelkostenrechnung: S. 107

Deckungsbeitrag = rel. Einzelleistungen – rel. Einzelkosten des Zurechnungsobjektes

Istkostenrechnung: S. 109

Istkosten = Istmenge · Istpreis

Normalkostenrechnung: S. 110

Normalkosten = Normalmenge · Normalpreis

Plankostenrechnung: S. 111

Plankosten = Planpreise · Planmengen

Starre Plankostenrechnung: S. 112–114

$$\text{Planverrechnungssatz} = \frac{\text{Plankosten (der Planbeschäftigung)}}{\text{Planbeschäftigung}}$$

Verrechnete Plankosten (der Istbeschäftigung) = Planverrechnungssatz · Istbeschäftigung

---

	Istkosten der Istbeschäftigung
–	verrechnete Plankosten der Istbeschäftigung
=	Kostenabweichung der Istbeschäftigung

Flexible Plankostenrechnung: S. 114–117

$$\text{Sollkosten} = \frac{\text{variable Plankosten} \cdot \text{Istbeschäftigung}}{\text{Planbeschäftigung}} + \text{fixe Plankosten}$$

Beschäftigungsabweichung = Sollkosten – verrechnete Plankosten

---

Kostenabweichung der Istbeschäftigung = Preisabweichung + Verbrauchsabweichung

Grenzplankostenrechnung: S. 117–119

$$\text{Planverrechnungssatz} = \frac{\text{variable Plankosten}}{\text{Planbeschäftigung}}$$

Verrechnete Plankosten = Planverrechnungssatz · Istbeschäftigung

---

Sollkosten = Planverrechnungssatz · Istbeschäftigung

Prozesskostenrechnung: S. 122

$$\text{Prozesskostensatz} = \frac{\text{Gesamtkosten des (Teil-)Prozesses}}{\text{Menge der Prozess-Bezugsgröße}}$$

Literaturverzeichnis

Coenenberg/Fischer/Günther 2009: Coenenberg, Adolf G. / Fischer, Thomas M. / Günther, Thomas: Kostenrechnung und Kostenanalyse, 7. Auflage, Stuttgart 2009.

Däumler/Grabe 2008: Däumler, Klaus-Dieter / Grabe, Jürgen: Kostenrechnung 1, 10. Auflage, Herne, Berlin 2008.

Däumler/Grabe 2008: Däumler, Klaus-Dieter / Grabe, Jürgen: Kostenrechnung 2, 9. Auflage, Herne, Berlin 2008.

Däumler/Grabe 2009: Däumler, Klaus-Dieter / Grabe, Jürgen: Kostenrechnung 3, 8. Auflage, Herne, Berlin 2009.

Drosse 1998: Drosse, Volker: Kostenrechnung Intensivtraining, Wiesbaden 1998.

Haberstock 2008: Haberstock, Lothar: Kostenrechnung I, 13. Auflage, bearbeitet von Volker Breithecker, Berlin 2008.

Haberstock 2008: Haberstock, Lothar: Kostenrechnung II, 10. Auflage, teilweise bearbeitet von Volker Breithecker, Berlin 2008.

Loos 1993: Loos, Günter: Betriebsabrechnung und Kalkulation, 4. Auflage, Herne, Berlin 1993.

Olfert 2010: Olfert, Klaus: Kostenrechnung, 16. Auflage, Ludwigshafen (Rhein) 2010.

Reichmann 2006: Reichmann, Thomas: Controlling mit Kennzahlen und Management-Tools: Die systemgestützte Controlling-Konzeption, 7. Auflage, München 2006.

Weber 2006: Weber, Helmut K.: Betriebswirtschaftliches Rechnungswesen, Band 2: Kosten- und Leistungsrechnung, 4. Auflage, München 2006.

Wedell 2004: Wedell, Harald: Grundlagen des Rechnungswesens, Band 2: Kosten- und Leistungsrechnung, 9. Auflage, Herne, Berlin 2004.

Wenz 1992: Wenz, Edgar: Kosten- und Leistungsrechnung mit einer Einführung in die Kostentheorie, Herne, Berlin 1992.

Stichwortverzeichnis